DETLEF LINKE

Einsteins
Doppelgänger | Das Gehirn
und sein Ich

DETLEF LINKE

Einsteins Doppelgänger | Das Gehirn und sein Ich

C.H. BECK

Mit 3 Abbildungen

Die Deutsche Bibliothek – CIP-Einheitsaufnahme
Linke, Detlef Bernhard:
Einsteins Doppelgänger: das Gehirn und sein Ich /
Detlef Linke. – München: Beck, 2000
ISBN 3 406 46710 5

ISBN 3 406 46710 5

© Verlag C. H. Beck oHG, München 2000
Satz: Fotosatz Janß, Pfungstadt
Druck und Bindung: Freiburger Graphische Betriebe, Freiburg
Gedruckt auf säurefreiem, alterungsbeständigem Papier
(hergestellt aus chlorfrei gebleichtem Zellstoff)
Printed in Germany

www.beck.de

Für Ingeborg

INHALT

Einleitung   9

Die Zukunft des Körpers 13

Die Überraschungen des Körpers 13
Die Körpergrenzen und der Ursprung
    von «Innen» und «Außen» 23
Mögliche Identitäten 29

Die Revolution der Neuropsychoanalyse 39

Ödipus, Narziß und die Neuropsychoanalyse 39
Der Kaiserschnitt und die Vielfalt der Differenzen . . 45
Ich, Traum und Evolution 52

Einsteins Doppelgänger 62

Physik des Gehirns:
Warum wir keine Computer sind 85

Das Unsterblichkeitsprogramm:
Was denkt ein Mensch von 800 Jahren? 90

Gewinn und Verlust 90
Die Kunst des Alterns 92

Die Kunst des Gedächtnisses 94

Zeit des Designs 97

Ars senescendi 98

Was denkt ein Mensch von 800 Jahren? 99

Das Glück, das Neue, das Gesetz 107

Wer ist glücklich? 107

Der Walfisch und die Metaphysik des Neuen . . . 114

Das Ich, das Neue und die Menschenrechte 122

Ableger-Ethik, Doppelgänger und wie es weitergeht 145

ANHANG

Danksagung 151

Abbildungs- und Quellennachweis 152

Ausgewählte Literatur 153

EINLEITUNG

Der Satz «Lege deinen Kopf auf meine Schulter!» hat eine bestimmte Bedeutung, wenn er im Sonnenschein auf einer Parkbank zwischen Blumen gesprochen wird. Im Operationssaal jedoch bedeutet er etwas ganz anderes. Im Park oder Garten ist er Ausdruck unserer romantischen Gefühle und drängt auf Zärtlichkeit, vor dem Operationsteam gesprochen, hört er sich eher wie eine Anleitung zum Kopflos-Werden und ein Drängen auf Zerteilung an. Gegen die Kopfverpflanzung kann mit Rechtsmitteln nicht viel eingewendet werden. Eigentlich handelt es sich um eine Ganzkörperverpflanzung, und der Kopf ist der Empfänger eines neuen Körpers. Für unsere Gefühle ist es jedoch nicht einfach nur eine Steigerung der Multiorgantransplantation. Wenn ein Kopf einen neuen Körper untergenäht bekommt, dann werden Fragen aufgeworfen, die deutlich machen, daß unser Gefühlsleben nicht nur eine Nebensache in einer rechtlich geordneten Welt ist. Wie geht man damit um, wenn man seinem Partner treu sein will und er nun den Körper seines Freundes erhält? «Überhaupt», welche Körper dürfen ausgetauscht werden? Darf ein Mann den Körper einer Frau erhalten?

Das menschliche Zusammenleben ist durch zahlreiche Selbstverständlichkeiten z. B. im Verhalten zum eigenen

Körper gekennzeichnet, die erst durch den Einsatz neuer Technologien auf die Menschen aus ihren Zusammenhängen gerissen werden und neue Fragen nach dem Menschen aufwerfen. Eine doppelte Buchführung über den Menschen läßt sich angesichts der vielen Neuerungen in der Medizintechnologie und der Verhaltensbiologie der Gene kaum noch aufrechterhalten.

Einerseits eine geistige Welt beschreiben und andererseits völlig getrennt davon einen biologischen Bereich zu erforschen, der mit dem ersten nichts zu tun haben soll, entspricht nicht mehr der Wirklichkeit. Auch wenn Naturwissenschaft und Geisteswissenschaft noch als zwei Kulturen verstanden werden mögen, so wird doch vielerorts ein Unbehagen deutlich, wenn die Welt des Psychischen nicht nur mit Begriffen, sondern auch mit den Techniken der Neurobiologie verändert wird. An dieser Stelle wird es wichtig, daß der Mensch nach sich selber fragt, nach immer neuen Überraschungen seines Körpers, danach, wie er sein Ich entwirft und in diesem Entwerfen zugleich immer auch Eigenschaften seines Gehirns zur Verwirklichung bringt, danach, wie er in die Welt von Stein, Pflanze, Tier und Engel oder auch Software eingebettet ist.

In einem Leben voller Mühsal, Mißverständnisse und kaum zu verbergender Niederlagen strebt der Mensch nach seinem Glück und gibt dabei der Wirklichkeit eine neue Gestalt. Diese Neuerung erfaßt nun auch ihn selber, und vielleicht ist gar nicht mehr das Glück, sondern das Neue selber zum Ziel seines rastlosen Mühens geworden. Bis vor kurzem meinte man, Glück ziele auf Wirklichkeit, keiner wolle an eine Hirnmaschine angeschlossen werden, die durch Beträufelung der Nervenzellen mit Botenstoffen für 60 oder 90 Jahre das Glück gewährleistet, aber keine Wirklichkeit mit sich brächte. Aber sind wir nicht dabei, die ganze Welt zu einer Glücksmaschine umzugestalten? Jeder würde das für ein Horrorszenario halten. Aber worin läge der Unterschied zum Paradies?

Blickt man auf die Nervenzellen, so ist das menschliche Leben ein ständiger Prozeß von Gewinn und Verlust, besonders im 4. Lebensjahr findet sich ein Einschnitt starker Verminderung der Nervenzellen im Gehirn. Dieser Verlust ist dabei ein Gewinn, da mit der Verminderung der Zellen eine bessere Strukturierung der Denkabläufe und Emotionen gewährleistet ist. Vielleicht finden wir in dieser Identität von Gewinn und Verlust ein wesentliches Charakteristikum des menschlichen Lebens, das im Hineinfinden in diese Identität seine Lebendigkeit zu finden vermag. Der Versuch, gegen die Bewegtheit des Lebens ein Bild festzuhalten, kann dies zu einem «alien» oder auch zu einem Doppelgänger werden lassen.

Die primäre Orientierung an den Gesetzen des Zusammenlebens hingegen kann uns zur vollen Entfaltung unserer neuronalen Möglichkeiten und unseres Bewußtseins führen. Dies können wir gebrauchen, denn in der veränderten Welt wird es uns an Überraschungen nicht mangeln.

Es ist bereits möglich, einen Menschen in einer künstlichen Gebärmutter heranwachsen zu lassen. Im fürsorgefreundlichen Klarsicht-Uterus kann der Nachwuchs entsprechend den neuesten psychologischen Erkenntnissen den Takt der neuen Welt erwerben.

DIE ZUKUNFT DES KÖRPERS

Die Überraschungen des Körpers

Will ich mich aus der Gefangenschaft des Selbstbildes befreien, so erscheint es sinnvoll, das in den Blick zu nehmen oder «zu erspüren», was der Körper mit mir vollführen möchte. Es scheint sinnvoll, sich erst einmal auf Überraschungen einzulassen, bevor ich die Conditio humana neu ordne. Bei der Beschäftigung mit dem Körper wird allerdings häufig vorschnell die alte Rede der Ich-Tradition einfach nur auf neue Bereiche übertragen. Mit der Aussage „Ich höre nur auf meinen Körper!" ist noch nicht viel gewonnen, denn bisweilen muß man auch gegen diesen arbeiten, um zur Erfüllung des Körpers zu gelangen.

Die technische Medizin nun als Eroberung des Körpers zu bezeichnen hält die falsche Vorstellung wach, daß wir etwas anderes erobern würden und nicht selber dabei zugleich auch Eroberte sind. Das kalte Metall aber als einen Tod abzulehnen bringt eine Trennungslinie ins Leben, die selber tödlich sein kann. Am lebendigsten ist vielleicht der, der auch noch die Technik in sein Leben nehmen kann. Die Glorifizierung des Cyborgs als neues Lustweltreich des Menschen verkennt aber, welche Geduld, Compliance und sogar Schmerzbereitschaft schon heute der Einsatz technischer Mittel in Therapie und Rehabilitation erfordern. So lustvoll das erweiterte Menschenbild des Cyborgs sein mag, die somästhetische Erfahrung, die damit verbunden ist, kann nicht als universelles Glücksmodell angepriesen werden.

Wir wollen uns mit den Überraschungen des Körpers und seiner Transformation befassen, da neue Weltbilder und neue Formen des Zusammenlebens der Menschen dort ihren besonderen Quellpunkt haben.

Es hat sich etwas in unserem Körper eingenistet, das ihn verändern will. Die Lust am Körper ist eigenständig geworden und will ihre eigene Ewigkeit. Dafür setzt sie nicht auf sich selber, sondern auf den Körper, dessen Kurve von Wachstum und Verfall sie in die gerade Unendlichkeit der Unsterblichkeit biegen möchte. Da Lust aber zur Lust am Neuen geworden ist, muß sie, um als diese Neulust dieselbe zu bleiben, neue Körper schaffen. Zur Zeit ist eine neue Technologie des Anfangs angesagt. Für die Schwierigkeiten des Zur-Welt-Kommens, die in den Geburtsmetaphern mancher Philosophen beklagt wird, winkt biomedizinische Hilfe: Die Gummigebärmutter steht nach erfolgreicher Erprobung an verschiedenen Kleintieren für das Traumalose-zur-Welt-Kommen des Menschen bereit. Wer das beängstigende Unglück dieser Erde auf die Enge des Geburtskanals und die damit verbundenen Erfahrungen zurückführt, kann seine Nachkommen bald unter musikpsychologischer Einstimmung auf dem Wohnzimmertisch heranreifen lassen. Der technische Nachvollzug der zoologischen Körperfunktionen des Menschen kann unter den gleichermaßen sterilen Bedingungen von Bioethik-Diskurs und Medizintechnik gelingen. Die poetische und damit tiefenpsychologische Aufarbeitung dieser Sachverhalte kann nicht verhindern, jene Verletzungen namhaft zu machen, die beim technischen Vollzug des Fortschritts unvermeidbar sind. Gesponserte künstlerische «Aufarbeitung» und im Namen des Grundprinzips der medizinischen Ethik, der Freiheit, immer weiter erzeugte Technika werden einander wechselseitig hervorlocken.

Indem sich der Gedanke von der Befreiung des Körpers Raum schafft, durchdringt er diesen mit Gedanken, die in Technik umsetzbar sind. Die Ersetzung der Zeugung und Empfängnis durch reproduktionsmedizinische Techniken findet ihre Vollendung in der Fortpflanzung ohne Partner. Das Wort Fortpflanzung ist ohnehin schon aus dem Anschauungsbereich der Botanik entnommen, und es ist insofern nur konsequent, wenn sie beim Menschen auch die Technik des Ablegers beinhaltet. Sich auf lästige partnerschaftliche Probleme einzulassen, nur damit etwas nachwächst, kann durch die Ablegertechnik vermieden werden. Wie der Klon in die überkommenen Familienstrukturen eingeordnet werden kann, wird sich zeigen. Neben dem Kind wuchs auch früher der Kegel (das uneheliche Kind) auf. Wie jedoch ist mit der Frage des Inzests umzugehen, wenn der Klon als Überwinder überholter Familienstrukturen und im Hinblick darauf als neuartig frei bezeichnet werden kann?

Natürlich sind die neuen Technologien schon alle in unserer Lebensform vorentworfen. Der Single, der den Cartesianismus mit einem Appartement ausstattet, bekommt die Lebensform der Freiheit auf den biologischen Begriff gebracht. Wir wollen uns nur nicht daran erinnern, daß der Begriff der Freiheit gerade in der cartesianischen Tradition nicht für das Reich der Biologie entwickelt worden war. Im gegenwärtigen monistischen Verwischen von biographischem Entwurf und genetischem Projekt erreicht die Lifestyle-Anpassung auch die molekulare Ebene.

Dabei werden Grenzen zunächst mit dem Begriff der Therapie eingerissen, mit dem nachgeschobenen Konzept von «Wellness» erweitert, als ob der Gesundheitsbegriff der WHO nicht schon immer alle Paradiesversprechungen eingeschlossen hätte (Gesundheit ist körperliches, psychisches und soziales Wohlbefinden). Und wer kann angesichts von kranken Kindern schon ethische Prinzipien hochhalten, die der «Heilung» ihrer Nachkommen entgegenstehen? Es wird schwer sein, Argumente beizubringen, denen zufolge dann der aus therapeutischen Gründen gestartete Eingriff in die Gene nur für körperliche Fitness und nicht für die Schönheit, die manchen sogar wichtiger sein mag, realisiert werden soll. Um unsere gegenwärtigen Lebensformen haben wir ethische Grenzen gezogen, die wir wie einen transportablen Schlagbaum gerne mit dem Fortschritt mit transportieren. Zur Zeit herrscht Hochkonjunktur für ein irreführendes Argument, mit dem die Nichtmachbarkeit genetischer Einflußnahme auf komplexe Merkmale des Menschen demonstriert werden soll. So gäbe es zum Beispiel kein Gen für das Violinenspiel. Aber werden vielleicht nicht bald umgekehrt unsere Begriffe von Schönheit und Charakter, Anmut der Bewegungen und Feinheit der Gesten nach genetischen Merkmalen klassifiziert werden («das ist ein 8q-Typ»), statt daß wir an der Unmöglichkeit der Rückprojektion veralteter Begriffe auf die Genetik festhalten? Nein, die Genetiker können ein gezieltes Merkmal von Körper und Psyche nicht ohne weiteres treffen, aber wir werden unsere Merkmale gemäß den Nicht-Treffern neu clustern.

Man sollte sich aber auch nicht darüber täuschen lassen, wie zielgenau die Genetik sein kann, wenn man bedenkt, daß sie dem Zuchtschwein einen vierfachen Schinken anheften kann.

Möglicherweise tut sich die entscheidende Entwicklung aber fern von solchen stoffwechselnahen Eingriffen. Durch kleine Drehungen an unseren Grundbegriffen können völlig neue Szenarien hergestellt werden. Zum Lebensbegriff scheint der Stoffwechsel nicht mehr ohne weiteres hinzuzugehören, jedenfalls kann ein Mensch nach den Regeln der Rechtsprechung tot sein, auch wenn sein Stoffwechsel noch funktioniert.

Ist Stoffwechsel überhaupt eine unverzichtbare Bedingung für das Vorhandensein von Leben? Könnten Denkprozesse nicht auch auf den Grundmaterialien von Kunststofftanks verwirklicht werden, da diese doch ähnlich durchlässig sind wie Nervenzellmembranen? Wäre es nicht viel vorteilhafter, wenn der Mensch von der unangenehmen Seite des Stoffwechsels befreit würde? Warum sollte das kein Leben sein? Aus therapeutischen Gründen haben wir schon so manchen Begriff verschoben und dann, das ist bedenkenswert, diese Verschiebung auch noch geleugnet. Bei der Anpflanzung von Computerchips in das Gehirn kann man noch die Ansicht vertreten, daß es sich hierbei nicht um den Ersatz von Hirnfunktionen, sondern auch im Falle des Verlustes von Hirnpartien um eine Ergänzung durch Rechnersysteme handelt. Die vielen Sprachregelungen und kleinen Begriffsverschiebungen wären jedoch das gefundene Dessert für eine rauschhafte Poesie, die beim Verzehr unserer Denkungsart von heute auf morgen eine neue Anthropologie konstituieren kann.

In der Tat ist das Gehirn nicht nur gegenüber der Ankopplung (z. B. von Videokameras bei Blinden an das Gehirn) flexibel, sondern auch hinsichtlich der ethischen Wertung, in Abhängigkeit von der Form, wie nach dieser gefragt wird. Fragt man z. B. «Sind Sie damit einverstanden, daß Kopplungen von Gehirn und Computer durchgeführt werden?», dann sind 70 % der Bevölkerung dagegen. Fragt man hingegen, ob man einverstanden sei, daß Computer zur Behandlung von Krankheiten an das Gehirn gekoppelt werden, dann sind 70 % dafür. Auch hier ist wieder die Therapie das Durchmarschargument für neue Formen der Existenz des Menschen.

Angesichts der Plastizität des Gehirns werden möglicherweise auch ganz neue Schnittstellen mit der Außenwelt entwickelt werden. Schon heute kann man beobachten, wie Patienten, denen der Zungennerv an den Gesichtsnerv gepflanzt wurde, mit der Vorstellung, sie führten die Zungenspitze hinter den Backenzahn, ein Auge schließen oder lächeln können. Diese therapeutisch sinnvolle Maßnahme zur Verhinderung von Hornhautentzündungen bei Gesichtsnervausfall zeigt, daß wir den Umgang mit unserem eigenen Körper neu lernen können. Bei der Embryonalentwicklung ist auch der eigene Körper ein Fremdkörper bzw. muß der Umgang mit ihm erst gelernt werden, wobei sich das Ich zumeist erst im Maße dieser «Beherrschung» aufbaut.

Aber wer glaubt denn, daß wir wegen einer kleinen Begriffsverschiebung am Lebensbegriff sogleich zu Computern werden? Nun, vielleicht sind wir es ja schon. Möglicherweise fällt es uns leichter, unsere Programme, Meme und Softwares auf technischen Systemen zu realisieren, als sie gegen die Unberechenbarkeiten des vegetativen Nervensystems, vielleicht mit Mitteln der Metaphysik und Dogmatik durchsetzen und verteidigen zu müssen. Das Argument, daß der Mensch als Hersteller des Computers ihm natürlich überlegen sei, findet seine angemessene Widerlegung nicht nur darin, daß man dem Computer vielleicht bald auch Selbstherstellungschancen einräumen wird, sondern auch darin, daß in dem Moment, wo wir die Differenz des Menschen zum Computer definieren konnten, wir damit auch die Bauanleitung für den Menschen als Computer präzisiert haben. Die Verminderung der Unberechenbarkeit des menschlichen Körpers ist bereits die Vorwegnahme des Computerzeitalters als eine Fortführung der Menschheitsgeschichte. Die andropharmakologische Kalkulierbarkeit der männlichen Potenz ist die Bestätigung des cartesianischen Maschinenkonzepts des menschlichen Körpers im nachhinein. Erst jetzt übernimmt sein freier Wille die Herrschaft über den Körper.

Wenn auch aus Vertriebsgründen die Differenz von Potenzkalkulation und Liebesalgorithmus noch hervorgehoben wird, so kann nicht verhehlt werden, daß die pharmakologische Steuerung des Körpers bald auch in die Bereiche der Erfahrung des Neuen hineingehen wird, das wir insgeheim in der metallurgischen Verklärung des Körpers erwarten. Es ist besser, daß etwas geschieht, als daß nichts geschieht, ist das kaum ausgesprochene Prinzip unserer Existenz, die sich auch in ihrem erotischen Hin- und Hergeworfensein zwischen Kalkulierbarkeit und Neuerfahrung an gesteigerte Transformationen des Körpers gewöhnen bzw. an diesen erregen wird. Insbesondere, wenn schon eine gebärmuttertechnische Planung erfolgt, welche die Suche nach der Urszene in die frühphasische Embryologie verlagern wird.

Mit dem Argument, es handele sich bei den meisten biotechnischen Szenarien um bloße Science-fiction, wird verhindert, daß ethische Diskussionen rechtzeitig stattfinden. Aber selbst wenn sie frühzeitig durchgeführt werden, ist nicht zu erwarten, daß von ihnen wesentliche Begrenzungen ausgehen werden, da die ethischen Prinzipien ohne Bezug auf eine inhaltliche Anthropologie formuliert sind. Rationale Diskurse weisen ohnehin die Neigung auf, die rationale Seite des Menschen in den Vordergrund zu stellen und die Belange des Körpers geringer zu veranschlagen. Erst wenn die formalen Prinzipien voll ausgeschöpft werden, wird deutlich, was mit ihnen gerechtfertigt wurde. Eine spätere Diskussion ist dann mit Rücksicht auf die durch die neuen biomedizinischen Techniken (z. B. Genmanipulation) veränderten Menschen kaum noch möglich. Es wird sich eine Ethik konstituieren müssen, welche zum rücksichtsvollen Umgang mit Menschen anleitet, die ihre Gesundheit zweifelhaften biomedizinischen Prinzipien verdanken. Das irreversible Versagen des Gehirnorgans mit dem Tod des Menschen gleichzusetzen bedeutet zum Beispiel nicht nur, daß man seine Nieren und Lungen verpflanzen darf, sondern auch seinen Arm, seine Genitalien oder seinen ganzen Körper. An dieser Stelle bekommen abstrakte Umdefinitionen lebenspraktische Auswirkungen.

Juristisch ist gegen eine Kopfverpflanzung nichts mehr einzuwenden, aber für die Angehörigen des Verstorbenen wird es nicht ohne Bedeutung sein, wenn ein anderer Körper das geliebte Haupt zu tragen beginnt. Angesichts der Tatsache, daß sich der Intimbereich des Menschen vom Genitalen aufs Geld verlagert, könnte dieses Geschehen mit der allgemeinen Transformation des Menschen jedoch als konform angesehen werden.

Kopfverpflanzung ist technisch möglich und durch das Hirntodkonzept abgedeckt. Der funktionstüchtige Körper eines Hirntoten könnte z. B. zum Ersatz des erkrankten Körpers eines Querschnittsgelähmten herangezogen werden. Schaut man weiter in die Zukunft, so wäre es denkbar, die zur Zeit mit einer Kopftransplantation noch einhergehende Querschnittslähmung (bei der Durchtrennung des Halses muß auch das Rückenmark durchtrennt werden) erneut zu mildern, da die Einpflanzung von embryonalen Nervenzellen (oder auch sogenannten «Stammzellen», d. h. unreifen Nervenzellen) dazu führen kann, daß Teilfunktionen des Rückenmarks wieder erobert werden. Damit wäre die Kopfverpflanzung eine Operation, die zur unauslotbaren Alternative des Todes diskutabel erscheint, insbesondere wenn man bedenkt, daß Psychopharmaka und virtuelle Welten heute ohnehin die Lust- und Erfahrungsmöglichkeiten des eigenen Körpers zu ersetzen beginnen.

Die grundsätzliche Zustimmung der Bioethik zum Hirntodkonzept und zur Verpflanzung von Tierorganen auf den Menschen hält für unsere Emotionen und unsere Menschenbildübermalungen noch eine besondere Runde bereit: Wenn die Verpflanzung von Menschenköpfen auf fremde Menschenleiber genauso gestattet ist wie die Einpflanzung von Tierorganen in den Menschen, dann kann prinzipiell auch nichts gegen die Aufpflanzung von Menschenköpfen auf Tierleiber, z. B. von Antilopen, Hirschen oder Elefanten, eingewendet werden. Auch wenn von diesen Möglichkeiten nur prinzipiell Gebrauch gemacht werden sollte, zeigen sie doch, in welchem Umfang wir unsere Zulassungskategorien verschoben haben.

Man mag es ins Lustige wenden wollen, wenn dem Menschen Hörner oder Hasenohren wachsen (der Künstler Stelarc will sich ein drittes Ohr wachsen lassen). Vielleicht hat man damit auch den richtigen Tonfall für die emotionalen Dimensionen gefunden, dennoch kann es einem nicht verwehrt bleiben, nach grundsätzlichen und ernsthaften Auswirkungen des Menschenbildes zu fragen. Die bisher häufige Intuition, daß der Mensch Ebenbild eines anderen sei, erscheint angesichts der prinzipiellen Möglichkeit, den Menschen mit einem Tierkörper zu versehen, als etwas irritiert (auch die begriffliche Umbenennung des Hirsches in einen therapeutischen Stoffwechselspender im medizinischen Kontext würde daran nicht viel ändern). Der Ausweg, daß auch im Christentum manche Tiere Symbole des Göttlichen waren (der Hirsch stand für Christus), scheint die Irritation nicht zu mindern.

Die Versicherung, daß die Ebenbildlichkeit des Menschen nicht in seiner Gestalt, sondern in seiner Schöpferkraft liege, führt allerdings in einen Bereich des Unanschaulichen, aus dem nahezu beliebig viele Gestalten des Menschen hervorgehen könnten.

Natürlich wird auch die Transformation des menschlichen Körpers nicht so anschaulich vonstatten gehen wie im mythischen Zeitalter, als die Gefährten des Odysseus noch in Schweine verzaubert werden konnten, ohne daß das die Frage aufwarf, ob auch die Gehirne der Gefährten von dieser Verwandlung betroffen waren. Aus physiologischer und immunologischer Sicht wäre der Schweinekörper heute der geeignetste Träger für menschliche Funktionen. Möglicherweise wird an die Stelle der Ganzkörpertransplantation auch in solch einem Fall eher die kombinierte Organersetzung treten, wobei die Herstellung neuer Organe aus sogenannten Stammzellen sich zu einer erfolgversprechenden Technologie entwickeln könnte. Fragen der körperlichen Identität wären dann nicht mehr von mythischen Bildern belastet. Die Veränderung des Menschen im Designerbereich könnte dann aber um so tiefgreifender sein.

Der zoologischen Erweiterung der Inkarnation des Menschen steht zwei Millennien nach dem Jahre Null jedoch auch eine Tendenz zur Entfleischlichung des Logos gegenüber. Dies deutet sich in der Insilikation von Hirnfunktionen in Computerchips an, auch wenn diese eher noch der Kontrolle von Bewegungsabläufen und Erregungsstörungen dienen sollen. So hilft vielleicht die Technologie dem Menschen auf dem Wege zu einer engelhaften Gestalt.

Doch zwischen Software-Verklärung und Zoologisierung könnte der großen Masse der Menschen vielleicht ein ganz anderer Weg bevorstehen, der ihre Körper zu einem Dasein für immer neue Existenzen führen könnte. Das Ausglühen des Geistes in höherem Lebensalter wird heute als pathologischer Prozeß der Ablagerung von Eiweißmolekülen verstanden. Extrapoliert man, so sind von dieser Alzheimerschen Krankheit im 130. Lebensjahr alle Menschen befallen. Die informationellen Grenzen des Nervensystems sind erreicht, da das Neue, das sich anbietet, eine entsprechende Umorganisation des Nervensystems nicht mehr finden kann, ohne alles bisherige in Aufruhr zu versetzen, d. h., den Patienten mit einer heftigen Emotion zu belasten. Dieses Verhältnis von Neuigkeit, Emotion und Information stellt eine individuelle Konstante des Nervensystems dar, die nun mit pharmakologischen Mitteln aufgebrochen wird, so daß immer neue Informationen auf die Neuronenmuster überlagert werden können. Bei der Weiterentwicklung derartiger Transmittertechnologien könnte sich die Frage ergeben, ob bei der Übereinander-Projektion verschiedener Lebensdias zur Aktivierung des aktuellsten nicht doch Eingriffe in die Kontur der vorhergehenden vorgenommen worden sind. Wenn dies noch nicht für die gegenwärtige Transmittertechnologie gilt, so wäre eine Methode der Datenvernichtung zur Befreiung von Nervenzellen für neue Informationsaufnahmen jedoch eine interessante Option.

Meine Prognose lautet, daß die realwissenschaftliche Einholung von Science-fiction fortschreiten wird, gleichzeitig aber über keine inhaltlich bestimmte Konzeption des Menschen verfügt, mit der Grenzen überhaupt bestimmt werden könnten. Einer Anwendung der Kategorie der Freiheit auf den menschlichen Organismus wird kein Einhalt geboten, und es ist fraglich, ob es überhaupt gerechtfertigt werden kann, zum Schutz einer bestimmten Vorstellung vom Menschen auf neue Therapiemöglichkeiten zu verzichten.

Die Frage lautet daher eher, welche Menschenbilder werden die neuen Androiden und Klonoiden entwickeln? Werden sie ein neuartiges Abbild ihrer selbst in den Himmel projizieren?

Die Körpergrenzen und der Ursprung von «Innen» und «Außen»

Unser Denken kann die Welt durchmessen, als ob es an Körperlichkeit und Schwerkraft nicht gebunden wäre. Es mit Ich-Grenzen zu durchqueren wäre ein sehr künstlicher Vorgang. Unter Engelhaftigkeit hat man immer eine gewisse Körperlosigkeit verstanden. Die Territorialorientierung der Reptilien für das Mentale bzw Geistige einzuführen stellt einen recht artifiziellen Vorgang dar. Im Mentalen Grenzflächen zu erzeugen, so als ob eine Ich-Grenze konstituierbar wäre, mag die Grundlage für Spiegelungen sein. Eine echte Grenze kann nicht ohne weiteres gezogen werden. Es ist daher verständlich, daß sich viele auf die Haut als Ich-

Grenze zurückziehen. Sie hat den Vorteil, deutlich sichtbar zu sein. Aber man soll sich nicht täuschen lassen, sie ist selber lebendig, ja an dieser Grenze findet sich das meiste Leben des Menschen. Es ist, als ob wir unsere Grenzgräben mit Schießpulver gefüllt hätten: bei Berührung können wir selber in die Luft fliegen (die Grenze kann sich also gegen uns richten). Insbesondere beim Verlieben können die Grenzen verschoben werden. Auch die Berührung der Haut kann eine energetische Dimension eröffnen, welche die Grenzziehung verlieren läßt. Es gibt Regionen der Haut, die zwar einen Ort haben, deren Berührung aber Ortlosigkeit initiiert. Sinnlichkeit in diesem Sinne ist eigentlich ein Geschenk der Ortlosigkeit. Geschlechtlichkeit mit ihrer Synchronisation im Nervensystem ist ein Phänomen der Zeit. Wer hier Grenzen ziehen will, wird seine Zeit mit dem Bewachen der Grenze verbringen.

Man wird schnell aus der Haut fahren, wenn man darauf beharren will, die Haut als Grenze für die Tastwahrnehmung zu bestimmen. Man verwende den Bleistift, den man in der Hand hält, um dem vorherigen Satz eine Kritik anzufügen, so, daß er stärker als gewöhnlich auf das Papier drückt: Wenn man will, spürt man den Widerstand an der Grenze zwischen Bleistift und Papier und nicht an der zwischen Haut und Bleistift. Unser Bewußtsein kann den Aktionspunkt des Handelns in die Außenfläche des benutzten Werkzeugs legen und ist dadurch flexibler, als wenn es die Grenze des eigenen Handlungssystems in den Tastkörperchen der Hautsinne empfinden würde. Benutzte Instrumente und Werkzeuge erscheinen damit gleichsam mit «Tastgefühl» ausgestattet, oder anders gesehen: Die aus den Tastorganen errechneten Informationen werden vom Bewußtsein zum Abbau von Wahrnehmungsgrenzflächen benutzt, die mit den Sinnesorganen als den Urhebern der dafür benötigten Informationen nicht in eins fallen.

Die Hautsinne registrieren in erster Linie Kontaktänderungen. Dinge, die mit dem Körper in gleichmäßigem Kontakt stehen, lösen nach einer Weile kaum noch taktile Informationen über ihre Anwesenheit aus. Die Brille auf der Nase, die Mütze auf dem Kopf werden so zur stillen Gegenwart. Das Körperschema, das von unserem Körper und von unserer Psyche entworfen wird, setzt nur unter ganz besonderen Abstraktionsbedingungen und vielleicht auch in psychischen Konfliktsituationen die Haut als primäre Grenze des Körpers. Gewöhnlich ist die Grenze, gleichermaßen Schutzzone, dann nach außen verlagert. Der Bostoner Neurologe Norman Geschwind untersuchte bei einem hirnverletzten Patienten das Körperschema im Hinblick auf Gegenstände seiner unmittelbaren Außenwelt. Dieser Patient wies eine Störung des Körperschemas auf. Er konnte z. B. Schulter und Knie auf verbale Aufforderung nicht zeigen.

Norman Geschwind ging mit dem Patienten in dessen Auto und ließ ihn dort Gegenstände wie Steuerrad, Rückspiegel, Handbremse usw. zeigen. Dabei kam heraus, daß neben der Darstellung der eigenen Körperabschnitte auch die Bezeichnung der zu handhabenden Dinge im Fahrgastraum gestört war. Andere Gegenstände wie Telefon, Tür und Fenster konnte der Patient mühelos bezeichnen.

Diese Studie belegt, daß Dinge, die dem Menschen ähnlich verfügbar sind wie der eigene Körper, auch eine ähnliche Speicherung im Gehirn erfahren. Tür, Fenster und Telefon, welche bereits Eingriffsmöglichkeiten des anderen aufweisen, fielen unter eine andere Kategorialität. Manch einer verfügt über seinen Besitz so selbstsicher wie über seinen Körper. Das Bedürfnis nach Eigentum könnte darauf zurückgeführt werden, daß man mit Dingen der Welt ähnlich unwiderständlich umgehen möchte wie mit dem eigenen Körper.

Schwierig wird es, wenn Menschen mit ihren je eigenen Außenwelten aufeinandertreffen. In der Kommunikation haben verschiedene Kulturen je eigene Absteckungen des extrapersonalen Raumes entwickelt. Hierbei geht es nicht um den Besitz von Gegenständen, sondern bereits um die Beanspruchung des freien Luftraums, um die gestikulierenden Arme sowie um Kopf und Körper herum. Die Einnahme einer größeren Körperdistanz bei der Kommunikation muß nicht unbedingt als Beanspruchung eines eigenen großen Raumes gedeutet werden, sondern kann auch die Rücksichtnahme auf den vermuteten größeren Anspruchsraum des anderen zum Ausdruck bringen. Nordamerikaner kommunizieren gewöhnlich mit einem wesentlich größeren Körperabstand als Südamerikaner. Man stelle sich nun die Kommunikation zwischen einem Nordamerikaner und einem Südamerikaner vor, wenn sie sich auf einem langen Flur begegnen. Der Südamerikaner wird den ihm gewohnten kürzeren Kommunikationsabstand einzunehmen versuchen. Der Nordamerikaner wird daraufhin einen Schritt zurückweichen, um die ihm gewohnte Distanz einzunehmen. Dieses Spiel wird fortdauern, bis das Ende des Flurs erreicht ist.

Komplexer und mehr Möglichkeiten des Mißverständnisses bergend sind Interaktionen, die den erotischen Bereich betreffen. Eine verbale Vereinbarung, als Extrembeispiel sei hier die Hochzeitsvereinbarung genannt, kann Mißverständnisse vermeiden helfen. Ist der genannte Extremfall jedoch gar nicht wirklich angestrebt, so kann der Versuch einer verbalen Vereinbarung bei strenger Auslegung von political correctness bereits als eine Verletzung imaginärer, also nicht anatomisch definierter, Grenzen empfunden werden. Nicht nur aus sprechakttheoretischer Sicht sind Situationen denkbar, in denen ein Heiratsantrag als Affront wahrgenommen werden könnte. Doch auch dort, wo die Hochzeitsbräuche keine Sicherheit gewähren, wird nach gesellschaftlichen Ritualisierungen gesucht. Kommt es zum Rechtsfall, so sind die Entscheidungen schwieriger als beim

Kranzgeldanspruch, der früher bei Auflösung einer Verlo-
bung erhoben werden konnte. Ein Beispiel: In den USA ging
eine Frau, lediglich mit einem Slip bekleidet, zum petting
mit einem Mann ins Bett. Anschließend verklagte sie ihn
wegen «date raping». Bedenkt man, daß wesentliche Momente der erotischen Interaktion nicht nur nonverbaler Art
sind, sondern sogar auch «antiverbal» sein können, kann
man sich vorstellen, mit welchen Schwierigkeiten ein auf
Verbalisation ausgerichtetes Rechtssystem bei der Wertung
derartiger Fälle umzugehen hat. Diese Schwierigkeiten nehmen in der Weise zu, in der das Rechtssystem zwar gewohnt
ist, mit dem verbalen Anteil einer Person, eines Klägers,
umzugehen, nicht aber mit dem Anspruch des Unbewußten.
Anders gesagt: Wir wünschen uns die Rolle der nonverbalen
Anteile der Persönlichkeit in Kultur und Interaktion, doch
wie läßt sich darüber rechten?

Eine Diskussion des Zusammenhanges von Kultur und
Psychoanalyse, von Explizitheit und Implizitheit wäre an
dieser Stelle wünschenswert. Zumeist pflegt sich an dieser
Stelle der Diskurs um die Stigmatisierung der Frau mit dem
klinischen Terminus der «Hysterie» zu entwickeln. Auf die
Diskussion möchte ich mich hier nicht konzentrieren. Mehr
Aufmerksamkeit sollte vielleicht auf die Tatsache gerichtet
werden, daß in diesem Bereich die Konstituierung des
menschlichen Charakters zwischen Schüchternheit und
Aggressivität ihren Entwicklungsraum hat. Doch bevor ich
in diesem Zusammenhang auf die grundsätzliche Beziehung
von Kultur und Psychoanalyse eingehe, sei jedoch auf eine
anatomische Besonderheit unseres Körpers hingewiesen,
welche deutlich macht, daß der Grenzziehung Grenzen
gesetzt sind, auch wenn wir uns auf die so faßbar erschei-
nende Anatomie des Körperäußeren beziehen. Ich meine
hier die Unterscheidung von protopathischer und epikriti-
scher Sensibilität. Unsere Hautsinne verfügen über ein
räumliches Auflösungsvermögen, welches auch als epikriti-

sche Sensibilität bezeichnet wird. Darüber hinaus existiert eine protopathische Sensibilität, welche kein räumliches Unterscheidungsvermögen aufweist. Man könnte sagen, daß mit dieser Form von Sensibilität wohl Intensitäten, nicht aber ohne weiteres räumlich tastbare Grenzen wahrgenommen werden können. Es gibt Orte am menschlichen Körper, an denen die protopathische Sensibilität ohne Vermischung mit der epikritischen auftritt. Dies sind Klitoris, Glans penis und die Mamilla. Das Glück der Entgrenzung kann also in der protopathischen Sensibilität einen seiner Ursprünge finden.

Die Vorstellung des Philosophen Averroes, daß im Intellekt (bzw. «Geist») einzelne Individuen nicht mehr zu unterscheiden seien, findet so auf einer anders gestalteten Ebene der Erfahrung in der Anatomie der protopathischen Sensibilität ein sinnesphysiologisches Pendant. Denkt man dagegen von der Ekstase her, dann erscheint die Betonung des Abgrenzenden als nur störend, ja, der Begriff der Ekstase erscheint dann sogar als irreführend von der Individualität her gedacht, als ein Heraustehen aus dem üblichen Standpunkt, wo hingegen von der Liebe her gedacht die Individualität des Körpers als eine Rücknahme der erlebten oder ersehnten Unendlichkeit erscheint. Der Körper wäre demzufolge die liebende Rücknahme der Unendlichkeit, so daß der andere in ihm (an ihm) einen Begegnungsraum finden kann.

Der Alltag sieht eher anders aus. Wir achten auf Grenzen, um Rechtsansprüche zu sichern, und versuchen die Innen-Außen-Dichotomie an markanten Punkten in dieser Welt zu fixieren. Es scheint sich in unserer Kultur eine strukturelle Beziehung zu den Gepflogenheiten Thailands zu etablieren, wo man den Kopf nicht berühren darf und mit den Fußsohlen die intensivste Form der Ablehnung signalisiert: Die Schädelkapsel ist mit der Entwicklung der Hirnforschung zu einem neuen Orientierungspunkt der wissenschaftsorientierten Kultur geworden, und das «Innen», das eigentlich eine Kategorie des Herzens darstellt, wird zunehmend mit der Kategorie des Schädelinneren fehlerhaft, gleichsam im Sinne einer Transsubstantiation in eins gesetzt. Während Kant sich noch mühte, die Bedeutung eines «Kopfgefühls» zu relativieren, scheint unsere Gegenwart die Nähe zunehmend als geometrischen und nicht topologisch-energetischen Begriff zu nutzen und der Schädel zu einer Zufluchtsstätte geworden zu sein, die man – wie früher die «gute Stube» – zwar nicht bewohnen, aber wohl vorzeigen kann.

Dennoch können wir von den Neurowissenschaften, in denen das Gehirn als interpretatorischer Differenzpunkt und nicht als deformiertes Innen verstanden wird, eine Auflösung der an der Anatomie orientierten Irreführungen erhoffen, wenn Geschlechtlichkeit nicht von den nach ihr benannten Organen, sondern von den mit ihr in Beziehung stehenden, zeitlich energetischen Prozessen des Gehirns zu deuten versucht wird, wenn dafür denn eine Notwendigkeit bestehen sollte.

Warum leben wir in einer Zeit, in der das «aus der Haut fahren» nur negative Emotionen bezeichnet?

Mögliche Identitäten

Mit ihren formalen Prinzipien (1. Selbstbestimmung des Patienten, 2. nicht schaden, sondern 3. heilen, 4. gerechte Verteilung der Therapiemöglichkeiten) ist die gegenwärtige Bioethik kaum geeignet, diejenigen Neuentwicklungen abzuwehren, die den Menschen so sehr irritieren. Also drängt alles darauf, diese Irritation (sei es durch künstlerische Aktivitäten oder literarische Annäherung) zu beseitigen. Die Kritik an der Biomedizin ist dabei ein geeignetes Mittel, den Menschen an das Neue zu gewöhnen. Entscheidungsrelevant ist zumeist nicht unsere emotionale Haltung zu den neuen Technologien, sondern der Formalismus der Bio-ethik-Zentren. In Ethikkommissionen werden nicht Menschenbilder verhandelt, sondern wird im wesentlichen die Einhaltung der Prinzipien der Autonomie überprüft. Die Verabschiedung unserer Emotionen in den ethischen Entscheidungsprozessen ist der Vorläufer ihrer Ersetzung durch Computerchips. Doch das Alte will weiterleben, und so gibt es Computertheoretiker und Psychologen, welche den elektronischen Systemen auch schon flugs emotionale Qualitäten zuschreiben. Auch zum Computer werden die Grenzen des Menschen also aufgerissen. Nicht nur in metaphorischen Operationen, sondern auch bei solchen, bei denen das Skalpell seine Verwendung findet. Die wesentliche Herausforderung dieser neuen Art von Grenzverschiebung bzw. Grenzauflösung scheint mir wiederum nicht im Territorialen zu liegen, sondern in den neuen Zeitparametern, in die sich der Mensch einfügen muß, wenn sein Gehirn an Rechnersysteme angekoppelt wird. Die Einheit des Systems ist eine Frage der Zeit, und neue Zeitparameter, die mit einem Rechnersystem an das Gehirn angekoppelt oder gar in es eingeführt werden, ergeben neue Synchronisationsdynamiken. Mit einem anderen Tempo zu denken heißt aber, ganz neue Gedanken zu denken (wir wissen, daß es nicht darauf ankommt, welche Ansichten ein Gesprächspartner hat, wichtiger ist, daß wir mit ihm in ein angemessenes Gesprächstempo gelangen, das den Assoziationsgewohnheiten beider gerecht werden kann).

«Sie haben sich gar nicht verändert!» sagte ein Bekannter zu Bertolt Brechts Herrn Keuner, nachdem er ihn lange Zeit nicht gesehen hatte. Herr Keuner erschrak.

Wir verändern uns ständig, ersetzen unsere Moleküle durch neue, wechseln Freunde und Beruf und wären erschrocken, wenn wir uns nicht weiterentwickeln würden. «Er hat sich völlig verändert!» gilt aber auch wieder eher als Vorwurf. Man sagt, daß man es den Freunden schuldig sei, daß man mit sich selber identisch bleibt. Doch wie weit geht eine solche Verpflichtung in einer Welt, in der fast vierteljährlich neue Anforderungen des Umlernens und Perspektivwechsels an uns gestellt werden? Ist das Konzept der Identität nicht hinderlich geworden bei der Anpassung an neue Lebenssituationen und bei der Übernahme der Aufgaben? Beim Computer läßt sich eine neue Diskette einschieben, eine neue Software eingeben, man trennt zwischen der Identität des Programms und der Hardware. Beim Menschen ist die Neueingabe mit der Umstrukturierung der Hardware verbunden. Lernend ergeben sich Umorganisationen des Gehirns, und der völlige Austausch eines Lebenshorizontes durch den anderen kann im Affekt durchaus einmal gewollt werden, ist früher oder später doch mit der Schmerzhaftigkeit störender Überlagerung von Programmen oder des Versuches der Beiseiteschiebung des Altgedächtnisses verbunden. Höchstens beim Alzheimer-Patienten, bei dem bereits alle Erinnerungen gelöscht sind, könnte man der Vorstellung anhängen, daß die Neueinpflanzung von Hirnzentren (welche cholinerge Botenstoffe über das Gehirn verteilen) eine neue Persönlichkeit erschaffen würde.

Doch wird sich unsere Kultur, die auf Identitätskontinuität trainiert ist, durchringen können, auf Herrn Keuner, der sich in seinem Leben mal mehr und mal weniger geändert hat und am Schluß aufgrund seiner Alzheimerschen Erkrankung, wie manche schrecklicherweise sagen, den sozialen Tod gestorben ist, das Erbschaftsrecht anwenden, um dann nach Einpflanzung neuer Hirnzentren eine neue Persönlichkeit in seinem Körper leben zu lassen? Wohl kaum. Unsere Nackenhaare sträuben sich, wenn wir unsere Körper oder den unserer Mitmenschen als leeres Haus für wechselnde Bewohner denken sollen.

In den kognitionswissenschaftlich orientierten Philosophien ist ein deutliches Bemühen zu erkennen, die Trennung des Menschen in zwei Identitäten, in Programm und Körper, in eins zu fassen. So wie man auch eine Trennung in einen Tod der Persönlichkeit und einen Tod des Körpers nicht gerne hinnehmen möchte. Dennoch finden sich viele Bemühungen, den Menschen wie einen Computer von der Funktion her verstehen zu wollen und die Persönlichkeit am Code des Gehirns festzumachen. Ideen, durch Abtastung aller Nervenzellen das innere Programm eines Menschen zu entschlüsseln, sind zur Zeit deutlich unrealistisch. Die Vorstellung, sich eine andere Person in Form eines «Brainchip» «reinziehen» zu wollen, liefert nur auf den ersten Blick die Illusion problemfreier Kommunikation. Das Andocken von Elektroden und Chipelementen an der Wetware des Nervensystems ist noch ein höchst fragiler Vorgang.

Schon beim bloßen Austausch des Innenohrs gegen einen Hörchip braucht der Patient ein Jahr, um zu lernen, aus dem neuen Signal Sprachinformationen herauszufiltern. Das Gehirn verfügt zwar über erhebliche Plastizität und kann für neue Leistungen neue Hirnregionen zur Verfügung stellen. Aber schon die ersten Versuche mit Elektroden, die in das Sehzentrum Informationen von einer am Brillenbügel befestigten Videokamera speisten, zeigten, daß die Informationen, die unter Umgehung der bisherigen Sinneskanäle in das Gehirn gelangten, erst in einem mühseligen Lernprozeß gedeutet werden müssen. Auch die ersten Versuche der Ersetzung der Netzhaut durch eine künstliche Retina, bei denen die Patienten durchaus Lichtinformationen verwerteten, deuten darauf hin, daß der Schritt eines Blinden, auch bei weiterentwickelter Technologie über ein neues System wieder sehen zu lernen, wohlüberlegt sein muß, da er, aus seinen bisherigen Anpassungen herausgerissen, in diese nicht ohne unnötige Enttäuschung und zusätzlichen Aufwand zurückkehren kann.

In diesen sich stark entwickelnden Technologien ist allerdings mit überraschenden Innovationen auf dem fein-materiellen Sektor zu rechnen, so daß dann doch ganz konkrete Fragen der Verantwortung zu entscheiden sind. Wer trägt die Verantwortung, wenn die Videokamera bei Sonnenlichtüberblendung die Farben einer Ampel nicht richtig unterscheidet oder die Unterscheidung in der Hirnrinde des Prothesenträgers nicht richtig gelernt wurde?

Die neuen Einheiten von Mensch und Maschine werfen also völlig neue Fragen des Haftungsrechts auf und berühren auch auf diese Weise Fragen von Identität und Autorschaft bei einer Handlung.

Auch bei einem durch Impulse im Bereich der Schulter oder der Kaumuskulatur gesteuerten Gehvorgang bei einem Querschnittsgelähmten ist die Frage zu diskutieren, ob der Umgang mit einem Rollstuhl nicht zufriedenstellender erfolgen kann als die Steuerung der Beine über ein Kontrollsystem, dessen Sturzanfälligkeit technisch (Schnellprogramm für das «In die Hocke gehen») nicht ganz einfach korrigiert werden kann. Auf das technologische Projekt, Blinde wieder sehen und Lahme wieder gehen zu lassen, können dennoch wichtige Hoffnungen gesetzt werden.

Auch wenn im Rahmen solcher oder ähnlicher Projekte Computerchips in das Schädelinnere eingepflanzt werden, bedeutet dies noch keineswegs, daß die Selbstbestimmung des Patienten hierdurch berührt würde. Die Innen- und Außengrenze des Körpers stellt kein ausreichendes Kriterium für die Beeinträchtigung von Autonomie oder Identität dar, wenn der Patient nach eingehender Aufklärung, insbesondere wenn ein öffentliches Bewußtsein für die neuen Technologien besteht, in den Eingriff eingewilligt hat. Es ist keine Frage allein der Integrität des Gehirns, ob Autonomie berührt wird.

Eine am Rückenmark eingepflanzte Elektrode, welche die Blasenfunktion fördern soll und nebenher auch Sexualzentren reizt, kann die Autonomie unter Umständen stärker beeinträchtigen, als dies ein Chip in sensorischen Zentren des Gehirns bewirken könnte.

Es wäre falsch, die neuen Technologien einfach als Übermächtigung des Menschen zu deuten. Sie aber einfach nur als «Eroberung des Körpers» (so Virilio) anzusehen wirft die Frage auf, ob die Ersetzungsvorgänge auch den Eroberer selbst betreffen. Wie sein Verhältnis zu seinem Gehirn, zu seinem Körper und eventuell eingepflanzten neuen Hirnzellen und Brainchips zu verstehen ist, scheint zu einem neuen Schlachtfeld der Weltanschauungen zu werden. Der einfache Funktionalismus der 70er Jahre, der durch «Scannen» der einzelnen Nervenzellen eines Menschen dessen computerhafte Ersetzung für möglich gehalten hatte –, weil es gleich wäre, auf welchem Material das «engelhafte» Software-Programm des Menschen sich realisiert –, kommt schon dadurch an sein Ende, daß man dann auch Bürgerrechte für Computer hätte einräumen müssen. Dies wäre nicht nur sehr teuer geworden, sondern wohl auch nicht jedem, der mit seinem PC einen freundschaftlichen Umgang pflegen will, einsichtig gewesen.

Der Funktionalismus kommt auch deshalb an seine Grenze, weil das Gehirn nicht mit einem einfachen Code arbeitet.

Bei seiner Signalverarbeitung spielt die räumliche Geometrie der Nervenzellen und ihr energetisches Potential eine Rolle, die nicht ohne weiteres in eine binäre Zeichenkette übertragen werden kann. Die «energetische» und vegetative Dimension der Signalverarbeitung im Gehirn wird deutlich, wenn man versucht, ein liebgewonnenes Weltbild oder eine Meinung durch eine andere auszutauschen. Die unmittelbare Kommunikation kognitiver Hirnregionen mit einem Brainchip würde deshalb sicherlich einen langjährigen Lern- und Anpassungsvorgang erforderlich machen.

Es gibt rechnerische Modelle für den Zusammenhang von Energie und Information. Darüber hinaus gibt es in der

Computertheorie Berechnungen über den minimalen Energiebedarf von Informationsverarbeitungen.

Der Begriff der freien Energie gibt hier den Sachverhalt wieder, daß aufgrund eines fehlenden Taktgebers der informationelle Gehalt von Impulsen bzw. Signalen im Nervensystem nicht ohne weiteres definiert ist. Solche informationell nicht definierten Impulse sind energetisch jedoch nicht zu vernachlässigen. Es erscheint sinnvoll, sie als «freie» Energie in dem Sinne anzusehen, daß sie für weitere Arbeit zur Verfügung stehen können, wenn auch nicht zu einer «beliebigen» Disposition.

Das Neue ist mehr als Information. Information wird zumeist im Sender-Empfänger-Modell für Übertragungen definiert. Es kann aber auch als relative Bewegung in einem System, z. B. Gehirn, angesehen werden. Zur Abgrenzung bietet sich hier die Minimalversion des Begriffs des Neuen an, auf den ich noch zurückkommen werde.

Sicherlich ist es eine Frage der Zuschreibung, wenn jemand einen Hirnchip eingepflanzt bekäme, der kognitive Funktionen übernimmt, ob es sich um Ersetzung oder Ergänzung handelt. Ab wann wäre die Ersetzung des Gehirns durch einen Computer ein Problem? Die intensiven Bemühungen, die Grenze zwischen Mensch und Computer herauszuarbeiten, entbehren, wenn der Mensch erst einmal aus dem religiösen Zusammenhang herausgenommen wird, einer Letztbegründung. Kann der Mensch die Anerkennung seiner selbst begründen? Und gibt es einen Grund dafür, Lebewesen von anderen Welten nur dann der Würde teilhaftig anzusehen, wenn sie sich von uns nicht unterscheiden? Wenn die individuelle Energie des Menschen nicht mehr in die Ausformung der Spezies dringt, sondern aufgrund neuer Möglichkeiten (Chip, Klon, genetischer Eingriff usw.) in neue Äußerungs- oder Existenzformen gerät, dann muß sich der Mensch mit dem auseinandersetzen, was ihn bisher gerade vom Computer unterscheidet.

Der Brainchip als Gewinn an Möglichkeit, aber Verlust an Wirklichkeit? Die Starrheit des Programms ist bei einer anderen Einpflanzungstechnik, der von embryonalen Hirnzellen, gerade nicht das Problem. Hier findet sich eher ein Überschuß an Unvorhersehbarem. Die Verpflanzung von Hirnzellen in das Gehirn bringt zur Zeit allerdings nur eingeschränkte therapeutische Erfolge. In anderen Kontexten werden sie schon tierexperimentell zur Simulation neuer Evolutionsstadien benutzt. Es kommt darauf an, welcher sprachliche Diskurs sich durchsetzt. Wir würden es nicht zulassen, daß der Brainchip oder die Stammzellen zum Attraktor oder zum Subjekt erhöht würden. Im Streit der Weltanschauungen bei der Beschreibung des veränderten Menschen bzw. bei seiner Verhinderung wird sich in unserer Kulturlandschaft unter Umständen mehr verändern als durch die Eingriffe in das Gehirn selbst. Nur wenige Philosophien sind auf den Umgang mit dem Gehirn vorbereitet. Die Beschwörung von Einheit und Selbstverhältnis gibt nicht ausreichend Antwort, um den Umgang mit dem Organ zu regulieren, das beides trägt.

Wer in der Hektik dieser Welt verschiedene Rollen, ja fast Identitäten, übernehmen muß, wird die Vollendung seines Lebenskonzeptes deswegen noch nicht in der Patchwork-Zusammensetzung seines Gehirns sehen. Zwischen Biographie und Biologie klafft ein absoluter Abgrund, den bisher noch keine biophysikalische Theorie des Bewußtseins zu überbrücken wußte. Die Frage ist nicht, ob ein Mensch, bei dem Hirnzellen oder Computerchips implantiert wurden, noch eine Einheit darstellt. Es gibt viele Menschen, die die Herstellung eines Selbstbildes als eine Entfremdung vom Leben und als eine gefährliche Einführung eines Doppelgängers begreifen. Die Frage ist vielmehr, ob wir nach Herstellung aller unserer Funktionen uns nicht zum Zombie wandeln könnten, der zwar alle Funktionen, wie erwartet, vollführt, aber nicht jene Qualität von Bewußtsein erfährt, die wir uns zusprechen, auch wenn wir sie nicht in den Formalismen der Selbstbezüglichkeit erklärt finden.

Im Tierexperiment ist es gelungen, auch das Zentrum für die Einspeicherung von Informationen, den Hippocampus, zu transplantieren und damit kognitive Funktionen und Gedächtnisleistungen zu verbessern. Leibniz meinte noch, daß es kein Gewinn sei, wenn ich im nächsten Leben der Kaiser von China wäre und mich nicht gleichzeitig daran erinnern würde, daß ich im vorherigen Leben ein leibeigener Bauer war. Heute würde man wohl eher dazu neigen, erfolgreiche Identitäten übernehmen zu wollen, ohne sie mit der Auflage der Erinnerung zu belasten.

Das kulturelle Spiel mit Identitäten und multiplen Persönlichkeiten, das unseren inneren Integrationsschwierigkeiten so sehr entgegenkommt, mag in einem Modell der Hirnforschung seine Vollendung finden: Ich denke an die Kommunikationsfähigkeit über Hirnströme, welche im Menschen, die beim Zerfall ihrer motorischen Nervenzellen das Leben noch bis zum letzten auskosten und mit ihren Angehörigen kommunizieren wollen, als Interaktionshilfe angeboten werden kann. In dem allgemeinen Rausch medialer Erneuerung mag dem Menschen dies wie ein Geschenk eines zweiten Mundes erscheinen (der Mystiker Abraham Abulafia hatte im Mittelalter eine entsprechende Vision).

Wir müssen uns darauf gefaßt machen, daß Würde, Autonomie und Identität nicht einfach an der Ich-Rede ihrer Träger festzumachen sind. Schon gibt es neurowissenschaftliche Experimente, die weit über das Schema der Subjekt-Objekt-Trennung hinausreichen. So hat man Nervenzellen benutzt, um sie als Ableitelektroden zur Untersuchung eines anderen Gehirns zu benutzen. Das untersuchte Gehirn diente dabei nicht einfach als Untersuchungsobjekt, sondern streckte seinerseits mit seinen Neuronen dem untersuchenden Neuron die eigenen Axone entgegen.

Was hier geschah, übertrifft die Heisenbergsche Unschärferelation. Das Gehirn war nicht einfach nur unscharf dargestellt, sondern untersuchte aktiv zurück. Dies wird uns, nachdem die Quantentheorie noch nicht einmal zur Ruhe gekommen ist und uns vielleicht auch einmal mit Quantenchips bereichern wird, noch einiges zur Frage der Identität zu denken aufgeben.

Ein Mann klettert auf ein Brückengeländer, kurz bevor er es erklommen hat, hält er inne, sein Blick ändert sich, und er steigt zurück. Ein Chip in seinem Frontalhirn hat den Serotoninspiegel gemessen und erkannt, daß er akut selbstmordgefährdet ist. Ein Rechenimpuls führt zum Transmitterausstoß, und der Mann schreitet zufrieden seinen Weg zurück. Unterwegs trifft er Herrn Keuner, der sagt: «Sie haben sich aber verändert!» Der Mann lächelt. Vielleicht denkt er daran, wie Odysseus weniger entwickelte Methoden der Selbstfesselung benutzen mußte, um dem Gesang der Sirenen zu entgehen.

DIE REVOLUTION
DER NEUROPSYCHOANALYSE

Ödipus, Narziß und die Neuropsychoanalyse

Im Grunde genommen werden im Gehirn keine Informationen verarbeitet, sondern Signale, d. h. physikalische Parameter, die erst durch eine Interpretation zu Informationen werden. Doch nicht alle Signale eignen sich für die Interpretation und fallen dadurch als «Rauschen» oder sogar als Störimpulse fort. Möglicherweise ließe sich unter einem universellen Auge diese Signaltätigkeit des Gehirns als Information beschreiben. Das Gehirn verfügt über dieses universelle Auge jedoch nicht selber, und der Blick des «Ich» und «Bewußtseins» erfaßt nur einen Teil der Hirnaktivität und macht nur einen Teil der Signaltätigkeit zur Information. Was sind denn aber jene Signale, die nicht integriert werden? Ich halte den Terminus «freie Energie» dafür für recht sinnvoll. Man kann auch einfach von «Energie» sprechen. Es handelt sich dabei nicht einfach um eine spirituelle Angelegenheit, sondern per definitionem um jene Signale, die informationell keine direkte Verwertung finden, damit aber noch nicht aus dem Nervensystem «ausgeschieden» sind. Eine wesentliche Vermutung ist, daß diese Signale auf informationelle Deutung im Gehirn drängen, d. h., daß das Gehirn Struktur und Deutung in seine Signale bringen möchte. Wird eine Integration der Signale unter dem Konzept des Ich erschwert, so kann allerlei mit diesen Signalen passieren, z. B., daß man sich «verliebt» und all sein «Nichtbewußtes» auf einen anderen projiziert. Aber auch die Projektion auf einen selber kann zu einer informationellen Integration führen. Dabei kann das Ich seine ursprüngliche Monitorfunktion verlieren, weil es überlastet wird. Es wird mehr Bild als Monitor. Da es zumeist beides zu sein versucht, verdoppelt es sich. Der Doppelgänger erscheint als eine Art Ausweg aus den Integrationsproblemen des Ich. Möglicherweise ist das Selbstbild schon der Beginn eines Doppelgängers.

Verdoppelungen bei der Beschäftigung mit uns selbst können wir nicht ohne weiteres entgehen, denn über uns zu reflektieren und bisweilen auch über das Reflektieren reflektieren aufzugeben, scheint nicht ohne weiteres möglich, ja sogar kaum sinnvoll. Dennoch gibt es Kulturmomente, die auf Doppelung drängen. Mein Alternativvorschlag geht darauf, ein Gesetz des Denkens zu reaktivieren, das nicht den Ich-Begriff, sondern die Regeln des Zusammenlebens zum Mittelpunkt der Gemeinschaft macht. Wichtig erscheint mir dabei, daß damit keinesfalls verstaubte Starrheit rekultiviert werden soll, sondern daß Gesetze, Rechte und Regeln des Zusammenlebens als Orientierungsgrundlage die psychischen Katastrophen von Doppelung und Narzißmus verhindern helfen und darüber hinaus eine Gesellschaft davor bewahren können, bei der Integration der Psyche zu vergessen, daß auch die Bürokratie der Verwaltungsakte von Orientierungen gespeist werden muß, die nicht in jeder Verwaltungshandlung neu aktiviert werden können.

Für die Weiterentwicklung des ethischen Umganges mit der Biotechnologie bedeutet dies, daß die Bioethik vornehmlich durch Grundprinzipien des Zusammenlebens (z. B. Tötungsverbot) geprägt werden müßte.

Um den Zugang zu solch einer Denkweise zu erleichtern, möchte ich verdeutlichen, auf welche Weise der Zusammenhang von Gesetz und Lebenswelt auf der Basis von Ergebnissen der Hirnforschung auf interessante Weise neu gedacht werden kann.

Bis zum Alter von drei Jahren ist das Nervensystem von starken Auswachsungsvorgängen bestimmt. Das Kleinkind lernt nicht durch Hemmung, sondern durch stürmische Bejahung die Welt. Man schaue sich an, wie ein Kleinkind im Buggy mit motorischen Begeisterungsstürmen auf die Präsentation eines Eishörnchens reagieren kann. Im vierten Lebensjahr treten dann Hemmvorgänge im Nervensystem stärker in den Vordergrund. Sehr viele Neuronen sterben jetzt ab, und die Erfahrung der Welt konstituiert sich über das Weglassen des jetzt als unwesentlich Angesehenen. Es gibt also auf der biologischen Seite einen objektiven Prozeß, der als Matrix für inhaltliche Einschränkungen angesehen werden kann. Die Reduktion der Nervenzellen ermöglicht eine bessere Funktion der verbleibenden Neuronen. Auf biologischer Ebene ist eingezeichnet, was als Ödipusprozeß sich zufällig überlagern kann. Ein Verbot, eine Einschränkung zwingt zur Identifikation mit diesen Einschränkungsprinzipien selber. Im Grunde genommen ist damit die ödipale Erfahrung des einschränkenden väterlichen Verbots und der Versuch der Identifikation mit dem verbietenden Vater als ein biologischer Prozeß entlarvt, der nur zufällig in den Epochen familiärer Strukturen mit Prozessen der Sozialisation so in Einklang steht, daß man angesichts der Sozialisationsprozesse den darunterliegenden einschneidenden biologischen Vorgang übersehen konnte.

Ich möchte daher hier deutlich die These formulieren, daß die biologischen Prozesse des Menschen zwischen dem dritten und vierten Lebensjahr einen Einschnitt aufweisen, dessen vollgültige Gestaltung in der «Übernahme von Sprache und Normen der Gesellschaft» als Ödipusdrama beschrieben

41

werden kann, allerdings vorwiegend im Sinne der in ihm implizit ausgedrückten Verbote und geforderten Identifikation. Was Freud als Ödipuskomplex beschreibt, arbeitet daher auf einem biologischen Vorgang, der kulturell auf unterschiedliche Weise gestaltet werden kann. Dieser Befund erscheint mir wichtig in einer Gesellschaft, die immer mehr dadurch gekennzeichnet ist, daß starre Formen der Familienbildung nicht mehr gegeben sind. Der Vorgang der Reduktion und Apoptose (des Absterbens) von Neuronen im vierten Lebensjahr bleibt aber weiter bestehen, auch wenn die Familien nicht mehr den üblichen Strukturen gehorchen, sondern vielleicht durch zwei Väter, zwei Mütter oder einen Single ihre Form suchen. Denkt man, daß es bald Wirklichkeit sein wird, daß gleichgeschlechtliche Paare nicht nur einen Klon in die Welt setzen wollen, sondern auch noch ihr Erbgut vermischen möchten, so wird die Ausbildung von gleichgeschlechtlichen Familienstrukturen in Zukunft eine größere Rolle spielen. Die Benutzung eines Freudschen Ödipuskonzeptes wird bei der Analyse derartiger Situationen hoffnungslos in die Irre führen. Der biologischen Gesetzmäßigkeit der Reduktion von Nervenzellen im vierten Lebensjahr wird man aber weiter Rechnung tragen müssen.

In vielen Familien, die eine traditionelle Partnerzusammenstellung aufweisen, wird allerdings heute schon der Durchgang durchs psychologische Ödipusstadium vermieden. Längst schon hat die Generation der psychologisch Gebildeten seit der Mitte des vorigen Jahrhunderts so viel Mitleid mit Ödipus entwickelt, daß sie ihm die Gesetzmäßigkeit seines Dramas zu ersparen trachtete. Die Väter versuchen sich in Rücksicht zu üben und versuchen so zu tun, als ob dem Sohn kein Gesetz auferlegt werden müßte. Sieht man von den auch durch solche theoretischen Programme nicht vollends vermeidbaren Wutanfällen und Zornesausbrüchen ab, so muß man feststellen, daß den heranwachsenden Jungen auf diese Weise eine kulturelle Deutung der Apoptose ihrer Neuronen vorenthalten wird. Den Kindern, die keiner äußeren Hemmung zugeführt werden, widerfährt der Verlust als nichtdeutbares Geschehen.

Durch ein biologisch gegebenes Ödipusschema hindurchgehen zu müssen, ohne eine entsprechende soziale Deutung für diesen Restriktionsvorgang zu erfahren, führt dazu, daß man in den Narzißmus zurückgerufen wird, d. h. einer lustvollen Selbstspiegelung, der keine Grenzen auferlegt werden, die aber dennoch aufgrund der inneren Apoptose der Neuronen eine Limitierung erfährt. Diese Limitierungen sind für die kognitive Entwicklung höchst bedeutungsvoll, müssen emotional aber erst noch als sinnvolle und hilfreiche Konzentration erfahren werden. Werden diese Erfahrung und Deutung vorenthalten, so verbleibt der Mensch im Narzißmus, der seltsamerweise nun aber von der Erfahrung eines Traumas, d. h. der Reduktion der Wachstumsfülle der Neuronen, heimgesucht ist, ohne dieses Trauma deuten zu können. Jeder Psychoanalytiker kann davon berichten, welche Schwierigkeiten es bereitet, mit den Traumen des Narzißmus therapeutisch umzugehen. Meine These nun ist in diesem Zusammenhang, daß das Trauma des Narzißmus darin besteht, daß ein soziales Ödipusschema nicht angeboten wird, weswegen die Reduktion und Bündelung der eigenen Kräfte in das Gesetzmäßige als emotionale Kränkung empfunden wird. Vieles deutet in unserer Gesellschaft auf eine Entwicklung zu einem derartigen notwendigerweise traumatischen Narzißmus hin.

Der Verlust der Neuronen im vierten Lebensjahr muß nicht einfach nur als Verlust und Hemmung empfunden werden, sondern kann auch als Stärkung der Gesetzmäßigkeit der Kognition herausgestellt werden. Für ein derartiges Empfinden muß dem heranwachsenden Individuum aber ein soziales Angebot geliefert werden, sonst wird die biologische Entwicklung nur als Verlust erfahren, und am Ende findet der Sozialbereich des Gesetzlichen keine Unterstützung.

Es ist nicht ganz einfach, eine angemessene kulturelle Deutung des Faktums des enormen Neuronenverlustes im vierten Lebensjahr zu finden. Tiefgreifend ist dieses Geschehen für die menschliche Psyche allemal. Es ist möglicherweise als solches nicht erfahrbar. In diesem Sinne könnte für dieses Geschehen gelten, was Sigmund Freud für das Unbewußte annahm, nämlich, daß es zeitlos ist.

Eine Kulturtheorie läßt sich aus diesem Befund durchaus auch machen, wenn der Neuronenverlust nur als Metapher verwendet wird. Inwieweit er neurowissenschaftlich zu einer abschließenden Deutung gebracht werden kann, wird von kulturellen Perspektiven jedoch nicht unabhängig sein.

Für das Verständnis des Neuronenverlustes im vierten Lebensjahr sind Studien über den Neuronenverlust im Rahmen des Erwerbs der Fähigkeit von Mustererkennungsprozessen von Bedeutung. Der Verlust führt zu einem kognitiven Gewinn.

Dieses Faktum des Gewinns durch Verlust ist kulturell noch nicht genügend ausgekostet. Eine Beschäftigung damit könnte dazu beitragen, daß wir ein tieferes Verhältnis zur Rolle des Rechts gewinnen. Bei Heidegger gehörte das Recht zur Verfallenheit an das «Man». Ich denke, daß es offenkundig ist, daß diese Charakterisierung nicht stehengelassen werden kann. Das Recht aber nun als das «unsere» zu erweisen bürdet uns derart viele Begründungsverfahren auf, daß es in seiner Kraft kaum noch gesehen wird. Levinas hingegen, der primär mit der Ethik beginnt, konnte sich von Heidegger nur unzureichend lösen. Bei ihm wurde der andere in Umkehrung zu Heidegger möglicherweise überwertig. Der Blick auf den Verlust, der zugleich Gewinn ist, zeigt hingegen ein Modell für ein Rechtsdenken, das jenseits von «uns» und «andere» ist und unserer Entwicklung eine Deutung gibt.

Die Ödipusgeschichte stellt eine überlagernde Erzählung für ein tieferes Geschehen dar. Wir würden unserer Gesellschaft unnötige Konflikte ersparen, wenn die Auseinandersetzung mit dem Gesetz als von Vaterprojektionen abzutrennen erkannt würde (Das Gesetz ist nicht der Vater, dieser steht selber unter dem Gesetz). In mir selber stecken Strukturen von Verlust und Gewinn, die bereit sind, im Umgang mit dem Recht ihre Entfaltung zu finden.

Mit dem Modell eines Verlustes, der mit dem Gewinn identisch ist und dessen Abwehr den Verlust des Gewinns bedeuten würde, kann eine Neudeutung der menschlichen Situation vorangetrieben werden. Eine Umformung bisheriger «Kastrationstheorien» erscheint angebracht. Entscheidend ist, daß das beschriebene neuronale Geschehen für beide Geschlechter gilt. Eine Neudeutung der Psychoanalyse aufgrund des neurowissenschaftlichen Befundes wird noch Jahrzehnte in Anspruch nehmen. Auf jeden Fall könnten ein unnötiger Streit zwischen den Geschlechtern, eine überflüssige und häßliche Anklage der Eltern sowie eine aufrechnende Werteskala zwischen Narziß und Ödipus vermieden werden, da alles einer neuen Deutung zugeführt wird.

Der Kaiserschnitt und die Vielfalt der Differenzen

Es gibt die schmerzhafte Form der Differenz, und es gibt die glückliche Form der Differenz. Und die vielen Formen dazwischen. Glücklicherweise können alle zum Gelingen der Gesellschaft beitragen, so daß man sich nicht darüber zu streiten bräuchte, welche Form von Differenz die beste wäre. Das Problem liegt eher darin, die gesellschaftlich günstigen Momente der verschiedenen Formen von Differenz auch für die Gesellschaft zu gewinnen statt die eher schrecklichen Seiten von Differenzen in Umlauf zu bringen.

Sicherlich gehört es zu den glücklichen Formen der «Differenzbildung», ein Kind zur Welt zu bringen. Kaum gibt es Glücklicheres als die Mutter, die ihr Kind zum ersten Mal in den Armen hält. Vielleicht ist die Geburt für die Mutter aber auch nur in einem sehr eingeschränkten Sinne eine Differenzbildung, da sie das, was sie bisher vegetativ bei sich hatte, nun auch handlungsmotorisch «kontrollieren» kann. Die Herstellung der körperlichen Differenz wird damit zur Voraussetzung für eine höhere Form von «Verfügbarkeit».

Daß zwischen den verschiedenen Formen von Differenz sehr wohl unterschieden werden muß, zeigt sich am Beispiel der Liebenden, deren völlige räumliche oder gar emotionale Trennung eine der tiefsten Formen des Schmerzes darstellen würde. Während die Differenz, die durch die Geburt in die Welt kommt, Ermöglichung von Glück bedeutet, würde eine daraufgelagerte zusätzliche Differenzoperation (die Entfernung des Kindes von der Mutter, die Trennung der Liebenden) Schmerz bedeuten.

Die Forderung nach Differenzbildung muß also sehr «differenziert» eingesetzt werden, damit sich auf die Ermöglichung von Glück durch Differenz nicht unnötigerweise eine unglückbringende Zusatzdifferenz überlagert.

Bisher kann der Mann nicht gebären. Er kann kein Leben schenken. Offenbar ist er auch nicht so gut auf den Schmerz vorbereitet. Im medizinischen Alltag ist es eher der junge Mann, der bei der Spritze kollabiert. Vielleicht kann deswegen der Soldat so gut nach vorne stürmen, nicht weil er den Schmerz ertragen kann, sondern weil er den Schmerzgebenden beseitigen will.

Bei der Beobachtung der Seelöwen zeigt sich, daß gerade jene Seelöwenmännchen am meisten Chancen haben, welche die Knüffe des Weibchens besser erdulden. Um den Umgang mit ebendieser Ablehnung, welche die Ermöglichung von Akzeptanz ist, erlernen zu lassen, bemühen sich beim Menschen zahlreiche Schriften, die den Problemkreis zumeist unter dem Stichwort der «Kastration» abhandeln. Differenz als eine glückliche Entwicklung vom Gebären her zu denken eröffnet andere Möglichkeiten für die Interpretation der unterschiedlichsten Schnittführungen. Die Zufügung einer Wunde liefert ein Zeichen, das nicht nur *eine* Ausdeutung eröffnet. So läßt sich sogar bei der Beschneidung die Imitation des Aktes des Gebärens assoziieren. Daß dieses Assoziat in beschneidungslosen Kulturen aufgerufen werden kann, zeigt sich am Fall Shylock im «Kaufmann von Venedig», in den Shakespeare offenbar alle Ängste des Mannes vor dem eventuellen «Zum-Gebären-gezwungen-Werden» hineinprojiziert.

Dem beschnittenen Shylock wird von Shakespeare angedichtet, daß er für entgangene Rückzahlungen dem Schuldner «one pound» Fleisch aus dem Körper schneiden dürfe. Diese Menge, das ungefähre Gewicht eines Frühchens, wäre für den, in den hineingeschnitten würde, tödlich. Hier scheint Shakespeare eine bislang eher verborgene Assoziation als Träger schablonenhafter Projektionen von Andersheit verwendet zu haben.

Es scheint also angebracht, auf den Unterschied zwischen Mann und Frau zu achten, doch auch hier ist wieder die Frage, welcher Art die angesetzte Differenz denn sein könnte. Vieles spricht dafür, daß die Differenz zwischen Mann und Frau selber als vielfältige gesehen werden muß, da bereits beim Hirnhemisphärenverteilungsmuster der Frau zahlreiche Möglichkeiten offenstehen, während die Variabilität der Hemisphärenlateralisation beim Mann geringer ausgeprägt ist. Die Betonung der Geschlechterdifferenz kann jedoch auch problematisch werden, da gerade die Psychoseforschung zeigt, daß sich das Gehirn in seinen biologischen Eigenschaften vor allem in der Psychose polar zum anderen Geschlecht entwickelt. Etwas pointiert und mit einem nicht ganz statthaften Umkehrschluß spekuliert, könnte man vermuten, daß in der verschärften Betonung des eigenen Geschlechts die Kommunikation von paranoiden Zügen überlagert werden könnte. Unabhängig davon möchte ich jedoch bei der Herausarbeitung von Geschlechterbesonderheiten eher zurückhaltend sein, denke aber, daß der unterschiedliche Gebrauch von Differenz auch bei der Interaktion zwischen gewählten Geschlechtern und Geschlechtsneigungen von nicht zu unterschätzender Bedeutung ist.

Die antike Medizin glaubte, daß bestimmte «psychosomatische» Erkrankungen der Frau auf eine Ausweitung des Uterus (Hystera) über den Körper zurückzuführen sei. Für Freud bestand die Hysterie in der Hemmung (Negation) einer zuvor stattgehabten Erotisierung.

Sicherlich kann im «hysterisch» «vergrößerten» Uterus eine Negation bewahrt werden, die nicht als Hemmung aller Erregung, sondern vielleicht gerade umgekehrt als deren Ermöglichung gesehen werden kann. Diese «hysterische» Negation ist der Test auf die Konstitution des Mannes. Weicht er vor ihm nicht zurück, so scheint seine Männlichkeit approbiert. Schreckt er jedoch zurück, so scheint er aus landläufiger Sicht eher zum pazifistischen Bürokraten geeignet, der jedes Wort ernst nimmt und als solches weiterverarbeiten kann. Zur Herrschaft oder zum Krieg taugt er jedenfalls so nicht. Herrschaft setzt Aggressionswillen voraus, der die Zurückweisung überwinden und nicht als Wiederauflebung von Traumen verstehen will, sondern mit dem Nein der Unterlegenen genauso umgehen möchte wie mit dem Nein der Frau: Er nimmt es nicht ernst. Unter den Traumen, die wiederaufleben könnten, mag die Geburt ein wichtiges sein. Die «hysterische» Negation der Frau, die Freud einseitig als Bejahung auflösen wollte (mit diesem Anliegen kam der Vater seiner ersten «Hysterie»-Patientin zu ihm), könnte also eine wichtige evolutionäre Funktion bei der Selektion von Rücksichtslosigkeit oder, um es positiv zu formulieren, von «Durchsetzungsvermögen» spielen.

Sicherlich stellt es eine gute Intuition dar, bei dieser Ausgangslage jene Person zum Herrscher zu wählen, die in der primären Zurückweisung nicht die Wiederauflebung eines Geburtstraumas erfahren kann. Dies ist eine Person, die nicht geboren, sondern durch Schnitt durch Bauch, Haut und Gebärmutter den direkten Übergang zur Welt erleben konnte. Die Cäsarea, der Kaiserschnitt, begründete die Tradition der Cäsaren und Kaiser. Folgt man dem dargelegten Modell, dann können diese von der Hoffnung begleitet sein, in kleinen Formen des Widerstandes und des Aufruhrs keine tiefgehende Gefährdung ihrer Existenz und damit keine übermäßige Vergeltung in ihnen angestachelt zu sehen. Welch schönes Bild eines Kaisers, der die Menschen zueinanderfügt, ohne dabei die Ecken und Kanten der Interaktion in eigene Verletzungen pressen zu müssen (wäre es nicht sogar das vollkommene Modell des Repräsentanten der Demokratie?). Furchtlos kann der nicht von einer Frau Geborene dem Unhold entgegentreten und wie MacDuff dem Macbeth den Kopf abschlagen. Nun kommen noch nicht alle Menschen unter Umgehung des Geburtskanals zur Welt, und es stellt eine seltsame Denkfigur dar, jedenfalls in bezug auf das männliche Becken, wenn Männer das Gebären und Zur-Welt-Kommen zum philosophischen Thema machen. Sich auf den Akt des Gebärens zu konzentrieren bedeutet, seine eigene Verletzbarkeit zu steigern, aber unter Umständen auch eben deswegen verletzend zu wirken. Viele Philosophen haben daher versucht, den Geburtsvorgang zu umgehen, gewissermaßen in der Gebärmutter zu verbleiben und dennoch Welt zu gewinnen zu versuchen. Sicherlich sind innige Dreigestalten, wie sie in der Dreifaltigkeit aufscheinen, Versuche intrauteriner Beschwörung von Harmonie für Situationen, wie sie eher unter den Bedingungen der Widrigkeit der Außenwelt stattfinden. Deswegen haben einige Denker auch gewagt, noch mehr Außenwelt in die Gebärmutter zu holen und wie bei den kappadozischen Vätern in der Trinität auch den Streit zu denken. Deutlich wird das dann bei Hegel, bei dem die Dreiheit nicht ohne Tod und Kampf verwirklicht wird.

Bei anderen Denkern wie z. B. Habermas wird die Dreiheit, die sich in der Kommunikationsgemeinschaft der beiden Kommunizierenden vollendet, zum Garanten dafür, daß der andere mir eigentlich nichts tun dürfte. Hier scheint die uterine Gemütlichkeit die Welt zu überwältigen. Von Geburt ist hier keine Spur. Doch es gibt offenbar noch andere Techniken, den Geburtskanal zu umgehen. Angesichts der Verformung der Geburtshilfe zur sokratischen Maieutik, welche hier nicht beim Gebären hilft, sondern alle Gedanken, welche zur Welt kommen sollen, als untauglich verwirft und damit eher eine Aborttechnik ist, kann man es verstehen, daß manche sich einer Kommunikationsgemeinschaft entziehen wollen, in der Angst vor dem Gebären lebendiger Gedanken herrscht. Die Alternativen der schmerzlosen, also in dem betreffenden Fall geburtskanallosen Geburt scheinen aber mit einem Überschuß an Leben operieren zu wollen, der sich auf sehr schicksalhafte Weise gegen das Leben wenden kann. Ich denke an die Oberschenkelschwangerschaft der Semele, die dem Gott der Trunkenheit das Trauma der Geburt ersparte. Es scheint nicht leicht, angesichts der sokratischen Argumenteabtreiber eine «vernünftige» Weise des Zur-Welt-Kommens zu finden.

Angesichts dieser Tatsache verdiente sicherlich auch die jungfräuliche Geburt Christi ihre Aufmerksamkeit, da der Gedanke der bewahrten Jungfräulichkeit nicht die Vorstellung eines größeren Geburtstraumas erweckt. In diesem Fall müßte man sich aber auf das Zusammentreffen einer besonderen Struktur (Wer ist der genetische Vater? Gibt es eine genetische Mutter? usw.) und einer Häufung anderer Formen des Traumas (Beschneidung *plus* Kreuzigung) einlassen. Läßt man die Formen der Umgehung des Geburtska-

50

nals oder zumindest der Umgehung des Geburtstraumas für das Kind Revue passieren, so ist neben Kaiser, Dionysos und Christus sicherlich auch bald der aus der künstlichen Gebärmutter befreite Homunkulus zu diskutieren. Welche neue Weisheit wird er auf die Welt bringen?

Sicherlich gibt es verschiedene Weisen, auf welche der Mensch sein Fleisch in die Gesellschaft tragen kann. Die Versöhnung als Beziehung von Vater und Sohn (die im Christentum den Tod mit einschließt) ist nur eine der dabei möglichen Denkformen. Ein Denken, das sich auf Geburt und Uterus bezieht, kann jedoch weder mit den Cäsaren noch mit der dionysischen Trunkenheit ein allgemein zu empfehlendes Modell anbieten. Vielleicht haben wir die guten Möglichkeiten der Hysterie noch nicht genügend ausgeschöpft. Der Rausch jedenfalls, der meint, er brauche sich um gesellschaftliche Regulierungen nicht zu kümmern, da sich diese von selbst verstehen, ist durch die Mordlust der Weingottanhänger widerlegt. Ist der Rausch nicht privat, dann muß Sorge getragen werden, daß seine Worte nicht in dem «nüchternen» Apparat der Bürokratie Weiterverwendung finden. Vielleicht kann dieser Übergang uns durch ein Trauma zureichend markiert werden.

Abgesehen davon ist die Frage nach der Art der politischen Gemeinschaft vielleicht nicht mehr so sehr mit der Frage nach der sie konstituierenden Seele zu belasten (wenn man von jenen Fällen absieht, die wirklich den Maieutikern zuzuweisen sind). Im Wissen um die Konstitution der Seele, die Trauma oder Nichttrauma erfahren hat, kann nicht nur das Milieu für den heranwachsenden Homunkulus konzipiert werden, sondern kann auch auf jenes Recht und Gesetz hingewiesen werden, das unser Zusammenleben regelt. Dies, ohne daß wir dafür zugleich eine völlig andere psychische Konstitution einnehmen müßten. Zu sagen aber, das Gesetz (z. B. Tötungsverbot) verstünde sich von selbst, kann nach den Erfahrungen des 20. Jahrhunderts, in dem

Tötungsmaschinerien arbeiteten, weil es an *expliziten* Gegenformulierungen für die Bürokratie fehlte, nicht mehr aufrechterhalten werden. Wichtiger als die Herstellung der «integrierten» Seele ist es, daß aus ihrem Kreis jene Worte als Tangente abgeschleudert werden, welche der Aufrechterhaltung der Gemeinschaft dienen. Vielleicht kann man es sich in einer derart rechtlich gesicherten Gemeinschaft dann ersparen, Geburt einzugehen (zumindest, was deren philosophische Wiederholung betrifft).

Zu den unendlichen Möglichkeiten der Verbindung des Gesetzes mit dem Fleisch mag auch die Versöhnung gehören. Von ihr her denkend die *unvermittelte* Verbindung von Gesetz und Fleisch ohne Versöhnung als macbethianische Lebensform zu deuten, von der am Ende doch nur das mordende Fleisch zurückbliebe (so Hegel in seiner Darstellung über die Zeit vor dem Frühchristentum), was demzufolge vom Traumalosen – also dem Schnittentbundenen – bekämpft werden müßte, stellt eine der ungeheuerlichsten Entgleisungen der Philosophiegeschichte dar.

Ich, Traum und Evolution

Ein Ich, das alle die Funktionen steuern wollte, mit denen der Mensch zu tun hat, wäre hoffnungslos überfordert. Dies insbesondere, wenn noch die Aufgabe der Abgrenzung des Ich dabei zusätzlich in Angriff genommen werden muß. Wir haben schon gesehen, wie die zahlreichen Abgrenzungsfragen schier unendlich sind. Wie verhalten wir uns zum Körper, gibt es in ihm Schichten, wie sind seine Grenzen zu sehen, inwieweit ist er austauschbar? Die Frage nach seinen Zuständen betrifft nicht nur den Rausch, sondern wird durch die Physiologie von Schlaf und Traum bereits aufgeworfen. Hier von Informationsverarbeitung im üblichen Sinne zu sprechen scheint ungenügend. Um die Deutung des

Traumes konkurrieren zahlreiche Modelle. Handelt es sich bei ihm nur um einen Verlust der Ich-Funktion? Ist er Ausdruck der beängstigenden Erkenntnis, daß in uns Energien und nicht nur Informationen verarbeitet werden? Energien lassen sich nicht so leicht bewältigen. Es ist verführerisch, dann, wenn das Informationsverarbeitungskonzept nicht ausreicht, Modelle evolutionärer Strategien die Lücke füllen zu lassen. Wenn schon keine Informationsverarbeitung, dann wenigstens Strategie der Lebensbewältigung. Doch der Kampf zwischen Freudianismus (energetischen Modellen) und Evolutionstheorie ist nicht ganz einfach zu entscheiden. Sowohl die Traumforschung als auch die Neurologie von Hirnausfällen zeigen, daß offenbar mehrere ineinandergreifende Systeme der Selbstkontrolle vorliegen.

Es gibt eine interessante Kontroverse zwischen der freudianischen Traumtheorie und den evolutionistischen Interpretationen des Traumes. Die evolutionistische Kritik einer Freudschen Traumtheorie setzt gerade dort an, wo Freud über die Funktion des Traumes selber nicht zur Klarheit gekommen zu sein glaubte. Freuds These vom Traum als Hüter des Schlafes, als beruhigend, baut selber auf physiologischen Überlegungen auf. In Freuds energetischen Überlegungen kommt dem Ich die Funktion zu, Abwehrfunktionen des Organismus zu sichern und zu steuern. Diese Steuerung wurde als Verteilung und Reduktion von energetischen Aufladungen im Nervensystem gedacht. Glücklich ist aus seiner Sicht ein Organismus, in dem die energetischen Aufladungen weitestgehend reduziert sind (Krankheit wurde als unförmige energetische Aufladung im Nervensystem gedacht). Da der Organismus aber auf Feinde eingestellt sein muß, ist eine völlige Reduktion seiner energetischen Aufladung nicht möglich. Diese unverzichtbare energetische Aufladung des Nervensystems bezeichnete Freud 1895 in seinem Entwurf einer Psychologie als Ich. Später erst schrieb er dem Ich auch die Möglichkeit zu, in

Differenz zu seiner eigenen energetischen Aufladung zu treten. In der Traumdeutung von 1900 wird der Schlaf im wesentlichen als Verlust dieser energetischen Aufladung gedeutet. Was im Schlaf geschieht, ist also das Geschehen von Energieresten, die nicht dem Ich zugehören und auch nicht unter dessen Kontrolle stehen. Diese energetischen Aufladungen im Nervensystem, die sich im Schlaf unkontrolliert bewegen, können sowohl als Reste des Alltagserlebens als auch als Verschiebung des Trieblebens und des Begehrens angesehen werden. Würden diese Energien nicht verteilt und verschoben werden, so könnten sie in ihrer Intensität das Schlafereignis durchbrechen und das Kontrollsystem alarmieren. Damit wichtige physiologische Entspannungsfunktionen des Schlafes aber stattfinden können, werden die konzentrierten Energien im Schlaf verschoben, was als Traum empfunden werden kann. Die energetischen Reste des Tageserlebens waren für Freud für das Traumgeschehen nicht von unmittelbarer Bedeutung, sondern nur Mittel der Darstellung der eigentlichen energetisch aufgeladenen Inhalte. Die Aufgabe des Traumgeschehens bestand darin, die starken libidinösen Energien so zu verschieben, daß der Schlaf nicht gestört wurde. Freud mußte mit seiner Theorie vor solchen Traumphänomenen kapitulieren, die, wie der Alptraum, zum Aufwachen führen und damit nicht als Hüter des Schlafes angesehen werden können. Vor allem fällt am Alptraum aber auch auf, daß er inhaltlich nicht die Struktur der Beschwichtigung aufweist, die für die Behütung des Schlafes als sinnvoll erscheint. Auf diese Weise läßt die Freudsche Traumtheorie eine große Lücke der Deutung zurück, in die hinein die evolutionäre Traumtheorie ihre Interpretationsansätze hineintragen konnte.

Die evolutionäre Theorie des Traumes wurde insbesondere von Revonsuo ausformuliert. Ihr zufolge ist der Schlaf evolutionär von Phasen gesteigerter Abwehrbereitschaft, insbesondere Fluchtbereitschaft, durchbrochen. Ein Ausdruck dessen sind die Rapid-Eye-Movement-Phasen, aber auch die Traumphasen, die beide nur teilweise einander überschneiden. In den Rapid-Eye-Movement-Phasen trainiert der Organismus die wichtigen okulomotorischen Leistungen der Fixierung einer Gefahr. In den Traumphasen hingegen werden insbesondere solche Situationen eingeübt, die für das Überleben von besonderer Bedeutung sind, also Flucht, Angriff und Duell. Als ein Rest dieser evolutionären Last kann die häufige Thematisierung von angreifenden Tieren (Löwen, Tiger usw.) in den Träumen der heutigen Menschen noch angesehen werden. Aus dieser Perspektive hat der Traum die Funktion, die Fähigkeiten des Zweikampfes und der Auseinandersetzung zu trainieren und auch im Schlaf zwischenzeitlich die entsprechenden Neuronengruppen einer Aktivierung zuzuführen und vor allem die entsprechenden Probleme in der Ablenkungslosigkeit des Schlafes einer Lösungs- und Leistungsverbesserung zuzuführen.

Es ist sicher verführerisch, beide Traumtheorien, die Freudsche und die evolutionäre, in eins zu denken. Wir wollen zeigen, wie ein Fallbeispiel deutlich macht, daß evolutionäre und freudianische Traumtheorien in einem gemeinsamen Modell fruchtbar untergebracht werden können:

Fallgeschichte (Frau B.):

Eine 75jährige Patientin erlitt im Alter von 66 Jahren einen kleinen Schlaganfall mit Ischämie im Bereich des rechten Scheitellappens. Nach diesem Ereignis war ihre Kontrolle über den linken Arm eingeschränkt. Er war nur unter ganz besonderer Anstrengung ihres Bewußtseins einsetzbar und versagte den Dienst in normalen Lebenssituationen, in denen sie ihm nicht die volle Aufmerksamkeit schenkte. Sie war Rechtshänderin, beklagte aber den Verlust des Einsatzes des linken Armes in vielen Alltagssituationen. Als Beispiel nannte sie die Szene, in der sie morgens die

Post vom Postboten in Empfang nimmt. Sie nimmt die Briefe in die rechte Hand und gibt sie dann in ihre linke Hand, um bei einem kleinen Gespräch mit dem Postboten die rechte Hand frei zu haben, wie das in gestenreichen Situationen nicht unüblich ist. Wenn sie sich dann auf die Rede konzentriert, ist die Aufmerksamkeit von ihrer linken Hand abgelenkt, und diese kümmert sich plötzlich nicht mehr um die Aufgabe, die Briefe in der Hand zu halten. Die Briefe fallen zu Boden, und sie und der Postbote bükken sich, und normalerweise hat der Postbote die Briefe schneller aufgehoben und gibt sie ihr wieder, sie greift mit der rechten Hand zu und steckt sie wieder in die linke. Auf diese Weise wiederholt sich das Spiel mehrere Male, bis sie nach einiger Zeit neue Strategien des Umgangs mit den Briefen in ihrer Hand entwickelt.

Die Patientin war nicht in der Lage, ein Tablett mit beiden Händen zu tragen, denn sobald ihre Aufmerksamkeit auch nur ein wenig von der linken Hand abgelenkt war, beschäftigte sich diese auch schon mit einer anderen Aufgabe als der, das Tablett zu halten. Flugs stürzte dann alles zu Boden.

Hier ist es natürlich von großem Interesse zu wissen, was mit ihrem linken Arm in Schlaf und Traum geschah. Zunächst im Schlaf: Der linke Arm machte nicht die unbewußten Bewegungen mit, die wir im Schlafe ausführen, um unseren Körper nicht einseitig von der Schwerkraft belastet zu haben. Gewöhnlich sind wir in der Lage, uns im Schlaf von den Verwicklungen der Bettdecke zu befreien, ohne dafür gesondert aufzuwachen. Es sei ergänzt, daß lediglich nach ausgedehntem Alkoholgenuß die unbewußten Schlafbewegungen nachlassen und es auf diese Weise passieren kann, daß wir auf einem Arm liegen und uns dabei sogar einen Nerven einklemmen. Die neurologischen Lehrbücher kennen solche Armlähmungen als Paralysie d'amour, als «Liebeslähmungen», die dadurch bewirkt werden, daß ein Mann nach einem fröhlichen Abend ein Mädchen im Arm hält und aufgrund des Alkoholgenusses, vielleicht aber auch aus anderen unbewußten Motiven, die Körperposition nicht ändert und auf diese Weise sich den Radialisnerven im Oberarm durch den Kopf des Mädchens abklemmen läßt. Bei einem Italiener habe ich solch eine Armlähmung sogar einmal auf beiden Seiten zugleich auftretend beobachtet.

Bei dieser Patientin nun machte der linke Arm im Schlafe die unwillkürlichen Körperkorrekturen nicht mit und verwickelte sich bisweilen hilflos in der Bettdecke. Dies führte manchmal dazu, daß sie davon nicht aufwachte, sondern Träume erlebte, in denen die besondere Situation ihres linken Armes verarbeitet wurde. Für die Schlaftheorie ist zunächst jedoch von großem Interesse festzuhalten, daß im Schlaf genau jene bewußte Kontrolle des linken Armes verlorengeht, mit welcher der Arm die Verwicklungen in die Bettdecke vermeiden kann. Die Motorik des linken Armes ist also gerade in dem defizitär, was wir mehr oder weniger automatisch vollführen und im Schlafe noch geleistet werden kann, bei Wegfall der Ich-Kontrolle dann aber eben als Leistung fortfällt.

Zu ergänzen wäre, daß wir auch aus anderen Organbereichen Leistungen des Nervensystems kennen, die sowohl willentlich als auch unbewußt vollzogen werden können und im Schlafen und Wachen von je einem anderen System gesteuert werden können, bei zusätzlichem Fortfall des unwillkürlichen Systems im Schlafe dann aber zusammenbrechen. Ich denke hier an das System der Atmung, die von einem unwillentlichen und einem willentlichen System getragen werden kann. Normalerweise wird die Atmung von unwillkürlichen Impulsen reguliert. Fällt das entsprechende Faserbündel im Rückenmark jedoch aus (der Tractus reticulospinalis), dann kann die Atmung willentlich weiter gesichert werden. Solche Patienten sind im Schlaf aber

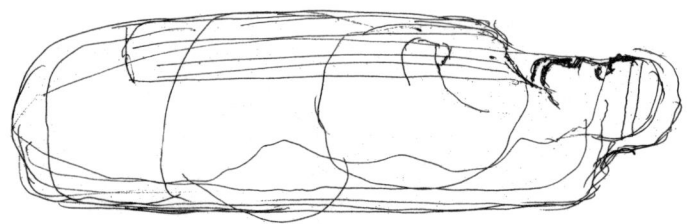

Abb. 1 a/b: Die Patientin zeichnet, wie sie im Traum verschüttet ist. Beim Zeichnen bemerkt sie, daß sie eine Mumie malt.

höchst gefährdet, wenn dann die willentliche Atmung nicht mehr gesichert ist.

Von besonderem Interesse ist bei unserer Patientin aber nicht einfach nur die Tatsache, daß bei ihr ein unwillkürliches Handeln für den linken Arm fehlte und dadurch im Schlaf «Verwicklungen» auftreten können, sondern daß sie kaum in der Lage war, sich der unzulänglichen Leistung des linken Armes anzunehmen. Beschreibt man den Sachverhalt nämlich in repräsentationalen Modellen, in denen dem eigenen Körper Ebenen der Selbstdarstellung entsprechen, so muß man feststellen, daß für den linken Arm eine unzureichende Repräsentation der motorischen Leistungen vorlag. Dieser Mangel an Repräsentation, der systematisch dem Krankheitsbild des Neglektes zugeordnet werden kann, führte im Traumleben dieser Patientin nun nicht einfach zu einem Mangel an Repräsentation des linken Armes, sondern wurde als Mangel repräsentiert. Sicherlich wurde dieses auch dadurch erleichtert, daß ihr Krankheitsbild zum Zeitpunkt der Untersuchung durch Ergotherapie und zahlreiche andere Maßnahmen in einem Stadium der Rückbildung war, in dem die mangelhafte Wahrnehmung und der mangelhafte Umgang mit dem linken Arm therapeutisch bewußtzumachen versucht worden waren. Die unzureichende Repräsentation ihres linken Armes war also,

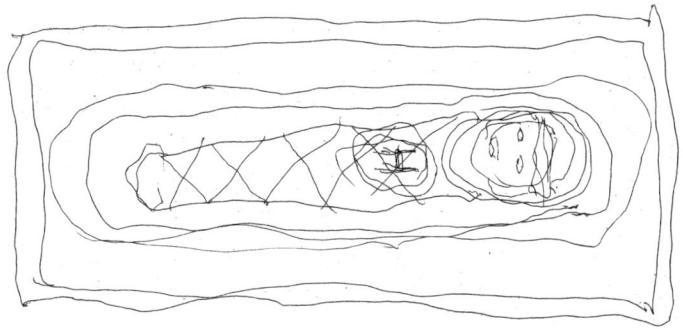

wie wir gleich noch darstellen wollen, auf der symbolischen Ebene eingefangen worden und dadurch willentlichen Kompensationsmechanismen, und, das ist das Erstaunliche, auch dem Traumleben zugänglich geworden. Auf die Frage, ob sie Träume erlebt habe, in denen der linke Arm thematisch wurde, erzählte sie insgesamt drei Träume: 1. Sie habe das Gefühl, verschüttet zu sein; als sie aufwacht, stellt sie fest, daß sie sich mit ihrem linken Arm in der Bettdecke verwickelt hat. Auf die Aufforderung, diese Szene, wie sie im Traum erlebt wurde, darzustellen, malt sie eine Mumie. 2. Sie befindet sich auf einer Treppe zu ihrer Wohnungstür und wird von zwei Gestalten angefallen, von denen eine sie am linken Arm faßt. 3. Sie befindet sich auf einem Bahnhof auf dem Bahnsteig und soll ein Fahrrad in einen Waggon hineinschieben. Sie ist sich sofort darüber im klaren, daß sie dazu nicht in der Lage ist. An diese Traumszene fügt sich jedoch noch etwas an, von dem sie sagt, daß es ihr nicht ganz klar wäre, nämlich, ein junger Mann schreit sie an, weil sie auf dem Bahnsteig Spuren im Schnee hinterlassen würde.

Versucht man das Traumgeschehen zu den theoretisch konstruierten Ebenen der Repräsentation in Beziehung zu setzen, so muß man feststellen, daß die unzureichende Repräsentation des linken Armes als solche wiederum im

Traum repräsentiert werden kann, ja geradezu zum zentralen Thema des Traumes werden kann. Bezieht man diese Fallgeschichte auf die Konkurrenz von Evolutionstheorie und Freudianismus zur Traumtheorie, so kann man feststellen, daß ein starkes Ergebnis für die evolutionäre Interpretation des Traumes als Problemlösung und Fitmachung für die Schwierigkeiten des Alltages vorliegt. Gerade in früheren Evolutionsstufen war die Auseinandersetzung mit der unzureichenden Funktion eines Körperteiles für das Überleben von großer Bedeutung.

Dennoch fand sich besonders im dritten Traum ein Aspekt, der auch eine freudianische Interpretationsmöglichkeit eröffnete. Die Patientin hatte darauf hingewiesen, daß ihr am Ende des Traumes vorgeworfen wurde, Spuren im Schnee zu hinterlassen. Eine längere Gesprächsführung mit der Patientin, die selber über ihre Träume intensiv reflektierte und sich seit dem 19. Lebensjahr mit Freud befaßte, ergab, daß diese Traumszene damit zu tun hatte, daß sie während ihrer Ehe ein geheimes Verhältnis mit einem Liebhaber, einem Schriftsteller, eingegangen war, wobei sie sich gewöhnlich auf dem Bahnhof trafen. Ihr Mann war nun verstorben, und ihre beiden Söhne, die offenbar auch im ersten Traum auftraten, machten ihr, wie sie es darstellte, mehr oder weniger Vorwürfe, daß nicht sie, sondern der Vater gestorben sei. Die Vorwürfe betrafen ihr Verhältnis zu ihrem Ehemann und damit auch die Situationen des heimlichen Treffens auf dem Bahnhof.

Bezieht man diesen Aspekt des Traumes mit in die Deutung ein, so wird klar, daß die Traumszene im wesentlichen durch die emotional-libidinöse Situation gewählt worden war. Nie hatte sie in Wirklichkeit daran gedacht, ein Fahrrad einmal in einem Eisenbahnwaggon deponieren zu wollen. Die vorhandene Traumsituation war also durchaus mit freudianischen Mitteln zu deuten. Die in dieser Traumszene stattfindenden Problemlösungsversuche können jedoch ohne Schwierigkeiten im evolutionären Kontext gedeutet werden. Damit käme man zu einem Modell, in dem der Traum durchaus als energetische Verschiebung und Aufarbeitung zugleich gedeutet werden kann. Die libidinöse Konstellation in der Beziehung zum Schriftsteller war ja nicht unmittelbar ersichtlich, sondern stellte sich überhaupt erst im Gespräch heraus. Wir würden daher ein eigenständiges Modell für die Traumtheorie vorschlagen, in dem sowohl der Freudianismus als auch der Evolutionismus eine Berücksichtigung finden. Der Traum wäre demzufolge eine Einübung in Problemlösungen, die unter *Berücksichtigung* energetischer Ressourcen stattfindet. Problemlösungsübung im Schlaf ist zu vergleichen mit der Problemlösungsübung in gefährlichen Situationen, in denen die kontrollierende Funktion des Ich das Handeln unnötig verzögern könnte.

Um dies zu verdeutlichen, sei an Gefahrensituationen im Autoverkehr erinnert, in denen es nicht sinnvoll wäre, über einen differenzierten Mausklick oder Joystick das Auto lenken zu wollen. In solchen Extrem- und Angstsituationen reagieren wir eher mit unserer ganzen Körpermotorik und halten mit beiden Händen das Steuer fest. Eben aus dem Grunde hatte ich auch einmal der Autoindustrie abgeraten, das Steuer durch andere Informationstechnologien zu ersetzen.

Auf ähnliche Weise trainiert der Mensch im Schlaf träumend Situationen, deren Probleme mit den energetischen Ressourcen gelöst werden sollen, die nicht erst über eine komplizierte Kontrolle des Ich herbeigeschafft werden müssen. Träumen ist durchaus Problemlösen üben, zugleich aber unter den Bedingungen der von Freud herausgestellten energetischen Dimensionen des Nervensystems. Menschliches Problemlösen ist in schwierigen Situationen nicht als Informationsverarbeitung zu charakterisieren, sondern als ein Handeln unter den Bedingungen energetischer Einsparungsmaßnahmen.

EINSTEINS DOPPELGÄNGER

In der Sexualmedizin wird die Fähigkeit, sich beim Orgasmus zuzuschauen, als Pathologie angesehen. In der Philosophie wird die Fähigkeit, über sich selber nachzudenken, als Grundlage des ganzen Fachgebietes betrachtet. Selbst bei der Begründung und dem Entwurf von Gesetzen und Regeln sind Reflexionen und Spiegelungen (Spekulationen) der Gedanken nicht zu vermeiden. Kann man den Doppelgänger als harmloses Kulturphänomen wie den Diskobesuch oder den Whiskeycocktail aus dem Höhebereich menschlicher Kulturentwürfe verabschieden? Zumindest im Bereich der männlich bestimmten Kultur (möglicherweise sind Doppelgängererfahrungen bei Frauen nicht so häufig) scheint dies nicht so einfach zu gelingen.

Um den Doppelgänger ist ein heftiger Streit entbrannt. Wesentliche Kulturentscheidungen hängen davon ab, ob man eine bestimmte Erfahrung überhaupt als Doppelgängererfahrung charakterisiert, und wenn ja, ob man den Doppelgänger verabschieden, in einem Pakt unterwerfen oder sich mit ihm versöhnend vereinigen soll. Zu der ersten Frage, was denn überhaupt ein Doppelgänger sei, gibt es eine sehr herausfordernde These, der zufolge unser Streben, eine Einheit des Ich herzustellen, wenn es denn nur ein theoretisches Streben ist, nicht zur Einheit, sondern zur Herstellung einer nur vorgestellten Einheit führen soll. Eben dies, die Herstellung des Ich, wäre schon die Herstellung des Doppelgängers!

Die Folgerung nun, eine philosophisch-theoretische Einheit gar nicht erst anzustreben, könnte wiederum zu weit in die andere Richtung der menschlichen Existenz weisen. Sicherlich ist es aber sinnvoll, die Lebensweise als Teil des Themas der Suche nach Einheit zu verstehen. Möglicherweise kann Einheit sich sogar wirklich nur aus der Lebensweise her konstituieren, und alle Versuche, Einheit mit philosophischen Mitteln zu gewinnen, wären dann nur Ausdruck einer Spaltung, Zerrissenheit oder Zerstreuung, die bei fehlender Abänderung der Lebensform auch durch noch so viel kognitive Anstrengung nicht wieder wettgemacht werden kann. Im Zusammenhang mit dem Ödipuskomplex und der frühkindlichen Hirnentwicklung hatte ich darauf hingewiesen, daß gewisse Gesetzesorientierungen eher die Gewährleistung für Einheit im Leben bieten können, als dies bei der bloßen theoretischen Orientierung an Einheitskonzepten der Fall ist. Zumindest legen die Befunde der Hirnentwicklung um das 3. und 4. Lebensjahr eine derartige Vertiefung der Betonung der Lebensform nahe.

Die Orientierung am philosophischen Einheitskonzept, das in Fortführung der griechischen Philosophie das abendländische Denken zutiefst beherrscht hat, kann durch keine philosophisch-argumentatorische Replik zurückgeworfen werden, denn der Prüfstand ist bei dem Vollangriff auf die einseitige abendländische Tradition die Lebensform geworden, die durch noch so viele Argumente nicht ersetzt werden kann.

Diese Konstellation kann auch durch biologische Ausführungen verdeutlicht werden, ohne daß man dabei gleich in einen Biologismus verfallen müßte (ein selbstverständliches Argument!). Zur Verdeutlichung der Situation möchte ich folgende These aufstellen. Es ist bekannt, daß Testosteron, das wichtige männliche Sexualhormon, nicht einfach nur Ursprung der sexuellen Aktivität ist, sondern vielmehr durch die Ausübung der Sexualität selber stimuliert wird. Demzufolge könnte das Begehren und damit die Konstituierung von Strukturen des Doppelgängers (narzißtische Spiegelung usw.) Ausdruck gesteigerter sexueller Aktivität sein, die nach weiterer Verwirklichung drängt. In diesem Modell wäre der Doppelgänger als Umkippversion sowohl des Eigenbildes als auch des begehrten Bildes von den hormonellen Konstellationen wesentlich abhängig. Das Doppelgängerproblem wäre demnach nicht durch philosophische Manöver beseitigbar (höchstens durch besonders glückliche reflektorische Akte zu entschärfen), da es im wesentlichen von den Gefügen des Begehrens abhängig ist, das sowohl von der sexuellen Aktivität als auch natürlich von den Einbettungen der kognitiven Strukturen, die diese umgeben, abhängig ist. Im Gebiet dieser Einbettung kann sich diese Doppelungsstruktur konstituieren und nach neuen Lösungen und Bewegungen suchen. Mit dem Hinweis auf die sexuelle Aktivität ist nun keineswegs gemeint, daß hier eine schnellere Lösung des Doppelgängerproblems zu finden sei als in den mentalen Operationen. Im Gegenteil, es ist nur zu gut bekannt, wie wenig Sexualität beeinflußbar ist, wenn man vergleicht, in welchem Maße ihre strukturelle Einbettung geprägt werden kann. Die Lösung des Doppelgängerproblems muß also in erster Linie als Teillösungsvorschlag aus dem Bereich der Kultur i. S. von Entschärfungs-, Verbrüderungs-, Segnungs- oder Verabschiedungsritualen in den Blick genommen werden.

Der Doppelgänger gehört zum Bereich des Phantasmas, er ist eine Ausgestaltung der Seele. Gerade darum aber wird sein Eintritt in die Wirklichkeit so gefürchtet. Das Auftreten eines Klons würde das Phantasma zur Wirklichkeit machen, und die beruhigende Spiegelung seiner selbst im anderen nach dem narzißtischen Schema bekäme eine bedrohliche Komponente. Anders als der psychisch phantasmatische Doppelgänger kann der echte körperliche Doppelgängerklon in der Lage sein, mich zu töten. Diese Vorstellung ist dem Zusammenbruch der kulturellen Tradition des besänftigenden Doppelgängernarzißmus gleichzusetzen. Unsere Kultur ist von Doppelgängernarzißmen heimgesucht, obwohl gerade der Narzißmus katastrophale Erfahrungen der Interaktion mit sich bringt. Im Falle des weitverbreiteten Klonens wäre die unausgesprochene Beruhigung, des Narzißmus, der andere, den ich als mich selber sehe, werde mich schon nicht töten, zerstört. Eben wegen der Beruhigung im Narzißmus hatte bisher der Doppelgängernarzißmus schon zahlreiche, nicht sofort erkannte Katastrophen nach sich gezogen.

Es ist keine Frage, daß spiegelnde Interaktionen zu einer Einschränkung der eigenen Freiheit führen können. Sie können aber auch zu jenem tödlichen Ende führen, das dem durstvoll eilenden Narziß dann an der spiegelnden Quelle beschieden war. Das Spiegelbild vernichten zu wollen gehört zu den unglücklichsten Auswegsversuchen. Das zeigt bereits der berühmte Film «Der Student von Prag», den bereits Otto Rank in seiner Doppelgängerstudie analysierte. Der Student von Prag, eine dem Faust-Mephisto-Drama nachempfundene Spiegelungsgeschichte, zieht den Degen, als er seinen Doppelgänger im Spiegel erblickt. Als er den Doppelgänger ersticht, bemerkt er, daß er sein eigenes Leben ausgelöscht hat.

Die Verabschiedung des phantasmatisch-psychischen Doppelgängers kann nicht leichthin vollzogen werden, wird mit seiner Vernichtung doch unter Umständen unsere ganze Begehrens- und Triebstruktur betroffen. Besser erscheint es daher, nicht auf dessen Vernichtung, sondern auf dessen Segen zu dringen. Nach der Verabschiedung des Doppelgängers sich mit seinem Segen um interaktionelle Gesetze zu kümmern erscheint angebracht. Die Ethik des Inter-aktionalen aber auch auf Reziprozitäten, also wiederum auf Duellkonstellationen und wohlmeinend positiv gewendeten Narzißmen, aufbauen zu wollen (was du nicht willst, das man dir tu, das füg auch keinem anderen zu), würde die Doppelgängerduell-Problematik aber nur wieder aktivieren. Die schlechteste Version der Lösung des Problems scheint der Paktschluß mit dem Doppelgänger zu sein, da in diesem Fall sich ein Großteil des Handelns auf unübersichtliche Weise teilweise im Umgang mit dem eigenen Phantasma erschöpft bzw. nach dessen Gesetzen sich anschließend in der Außenwelt strukturiert, ohne eine echte Entkoppelung von psychischen Problemen und der Gestaltung der politi-schen Welt zu vollführen. Wer mit solch einem Doppelungs-schema beginnt, wird vollends Schwierigkeiten haben, eine Kultur, die am Gesetz orientiert das Leben gestalten will, zu verstehen, da sie eben nicht in die Reziprozitätsschemata der Begegnung hineingezwängt werden kann. Das Gesetz entzieht sich dem Spiegelbild.

Ich möchte aber doch etwas an Vermittlungsversuchen für eine unmittelbare Gesetzeskultur (sicherlich am Muster der jüdischen Gesetzeskultur) auf eine Weise tätigen, die manchen Konstellationen des gegenwärtigen Kulturhori-zontes angemessen erscheint. Während Samuel Beckett in seinem Roman «Murphy» versuchte, den Bildungsbürger durch gebildete Beispiele in den Bereich des Erotischen zu ziehen, scheint es heute aus vielerlei Gründen eher passend, mit Beispielen des Erotischen den Mitbürger in Bereiche eines Gesetzesdenkens ziehen zu wollen. Ich denke an eine Ausgestaltung, wie sie sich z. B. auch in dem Film «Sun-shine» des Schriftstellers István Szabó über drei Generationen einer ungarischen jüdischen Familie findet. Hier vertreten die Männer der drei Generationen das Gesetz, und die Frau-en wählen ihre Männer so, daß sie das Gesetz beinahe oder ganz brechen müssen. In erster Annäherung kann dies als ein Hinweis verstanden werden, daß das Gesetz die Ermöglichung der Lust der Frau ist. Es scheint geschaffen, damit es für sie gebrochen wird. Wäre es nicht, so stünde ihre Wahl nicht in der besonderen Glorie der Bestätigung einer Ausnahme. Insofern ist das Gesetz die Ermöglichung von Liebesverwirklichung. Daß die Männer immer wieder versuchen, es in die absolute Schärfe zu führen, tut dem keinen Abbruch. Die Verführung zum Gesetz läßt mitunter die Dimension der Verführung vergessen.

Es ist nach dem eben Gesagten nicht verwunderlich, daß aus feministischer Sicht immer wieder versucht wurde, die Kultur des Repräsentativen, insbesondere der Repräsentation des Selbst als Doppelgänger, mit all den damit verbundenen Narzißmen zu bekämpfen. Dabei kann aber das Unglück geschehen, daß das Verhältnis von Gesetz und Durchbrechung desselben selber zum Gesetzlichen erhoben wird. Das Ende der Explizierung der gleichsam «hysterischen» Haltung des Menschen zum Gesetz ist nicht selten eine feministische Variante der Spiegelung des Nietzscheanischen Grausamkeitskultes (welcher durchaus eine implizite Wahrheit ausdrückt). So wird am Ende von den Analysen, die Helène Cixous durchführt, der Nietzschesche Satz «Du gehst zu Frauen? Vergiß die Peitsche nicht!» umgekehrt bestätigt, indem sie sagt, daß alles in die Irre führt, was von der Wahrheit des Kampfes der Geschlechter ablenkt.

Der Versuch, Repräsentationen abzubauen und aus Spiegelungen herauszutreten und die narzißtische Variante menschlicher Interaktion zu beenden, führt hier also nicht zu einem Gesetz des Respektes, sondern zur Hochhebung gleichsam biologischer Gesetze, die die Biologie nicht mehr als Ort der unendlichen Verwirklichung eines Gesetzes sehen lassen und auch nicht als den Ort des nie vorhersehbaren Aufbruchs des Lebens durch die Stimulation des Gesetzes. Die Biologie wird selber zum Gesetz gemacht, womit an die Stelle möglicher tödlicher Gefahren des Narzißmus die unmittelbare Kampfansage zwischen den Geschlechtern tritt. Bleibt derartiges im Privaten, so gehört es zum Bereich der persönlichen Wahrheit, ja auch Aufarbeitung möglicherweise eigener Verletzungen. Derartiges aber unentkoppelt in den allgemeinen politischen Bereich führen zu wollen hieße, aus den historischen Folgen der Tätigkeiten den Schluß nicht gelernt zu haben.

Für die Hirnforschung ist es von großer Bedeutung, ein adäquates Modell der Selbstrepräsentation des Körpers und des Bewußtseins für die Analyse des Menschen zugrunde zu legen. Das Ergebnis kann nur sein, daß die in der individuellen Situation außerordentlichen Variationen der Selbstpräsentation berücksichtigt werden. Mein Bewußtsein kann keinesfalls immer als ein Erste-Person-Bewußtsein beschrieben werden. Die Unterscheidung zwischen einem Bewußtsein und dessen Beobachtung ist nicht die Unterscheidung zwischen der Tätigkeit eines Gehirns und eines anderen Gehirns. In vielen Fällen nimmt ein Bewußtsein die Perspektive des anderen Beobachters mit in sein eigenes Spiel hinein. Dies ist nicht nur in solchen Zeiten der menschlichen Kultur der Fall gewesen, wo es üblich war, von sich selber als von einer dritten Person zu reden (man denke an Julius Caesar in Shakespeares gleichnamigem Stück). Wir nahmen immer schon die Perspektiven der anderen ein, und manche Leute betrachten ihr Eigenheim vorwiegend aus der Perspektive des anderen statt aus der eigenen («wenn man so reinkommt»). Die methodische Notwendigkeit, zwischen Bewußtseinsaktivitäten eines Gehirns und denen des Beobachters zu unterscheiden, darf nicht zu dem Fehlschluß verführen, daß in einem Gehirn nur die Perspektive eines einzelnen Personalpronomens eingenommen würde. Aber noch nicht einmal der Körper findet sich in einer ständigen Selbstrepräsentation eines Bewußtseins. Dies würde nach dem vorher Gesagten ja auch zu Schwierigkeiten führen müssen, wenn man verschiedene Personenperspektiven einzunehmen gewohnt ist. Die Selbstrepräsentation des Körpers wäre auch so eine Verdoppelung, die das Bewußtsein nur in Schwierigkeiten bringen würde. Die Realität der Hirntätigkeit ist vielmehr durch den Prozeß der Aufmerksamkeit zu beschreiben, der in wechselnder Ausprägung in Abhängigkeit von den gerade in Angriff genommenen Aufgaben Teile des Körperschemas mit in den Blick nimmt oder auch beiseite lassen kann. Es wäre völlig irreführend, das angstgeborene Konstrukt eines Selbstmonitors vor den Bezug zur Welt zu stellen. Auch das Ich und auch ein Selbstbild des Ich oder ein Repräsentant des Körpers rekrutieren wir nur, wenn es notwendig ist. Eine ängstliche Liebe, die sich nicht auf die Welt, sondern auf die Weisheit richtet, mag derartige Selbstkonstrukte für ein Dauergebilde halten, für eine realistische Hirnforschung und die Interpretation kognitiver Prozesse mit bildgebenden Verfahren kann sie daher auch nur in dem Sonderfalle der Untersuchung darauf ausgerichteter Philosophen tauglich sein.

Natürlich stellt das traditionelle Selbstportrait normalerweise die narzißtische Spiegelungsstruktur schlechthin dar. Für den Museumsbetrachter hingegen erscheint das Portrait als ein Ersatz der Gegenwart des Malers, darüber hinaus aber auch als Expression seiner dem unmittelbaren Blick gar nicht zugänglichen Eigenheiten. Aus vielerlei Gründen ist das Selbstportrait gar nicht symmetrisch, und viele Maler haben daran gearbeitet, diese Asymmetrie zu verstärken, um den gefährlichen Formen des Spiegelungsnarzißmus zu entgehen. Narzißmus kann sich allerdings auf verschiedene Weise gestalten, einerseits indem die eigene Seele völlig in ein fremdes Bild schlüpft, andererseits indem sie sich im Selbstbild spiegelt und ferner in einer Konstellation, in der zwischen selbst und anderen gar nicht unterschieden wird.

Aufgrund der Fähigkeit des Menschen, eine Spiegelungssituation selber noch einmal zu betrachten und dadurch mehrperspektivisch das Geschehen der Selbstwahrnehmung zu durchqueren, findet sich sein Ausdruck in mannigfaltigen Brechungen der Selbstdarstellung, so z. B. in den Atelierszenen, in denen festgehalten wird, wie der Maler gerade sein Selbstportrait verfertigt. Auch die Gebrochenheit der Selbstdarstellung in den Bildern von Francis Bacon bringt einen wesentlichen Zug der Selbstbeziehung zum Ausdruck. In dem Gemälde «Triptichon» ist die Figur mit nur unzureichender Schädelkapsel ausgestattet, und auch das Gesicht hat seinen oberen Teil verloren. Ja, der Kopf ist sogar aus der dreidimensionalen in die zweidimensionale Perspektive geschrumpft. Auffallend ist nun, daß der Schatten, den diese Figur wirft, über eine vollkommene Kopfkonfiguration verfügt. Man könnte meinen, daß dies eine Darstellung der Selbstwahrnehmung sei, wie sie aufgrund der Aufmerksamkeitsmechanismen durchaus üblich ist. Das Gesicht wird nur unvollständig wahrgenommen, höchstens wenn wir in den Spiegel schauen. Wir erfahren den Körper als kopflos, den Schatten wiederum als vollständig. In vielen Situationen wird auf die Rekonstruktion des Kopfes in der Selbstwahrnehmung sogar verzichtet, wenn sie aber realisiert wird, stellt sie ein künstliches Zusammensetzen von Spiegelerfahrung und unmittelbarer visueller Selbstwahrnehmung dar.

Die Vollständigkeit des Schattens nun als Betrugsebene der Repräsentation diffamieren zu wollen gegenüber der Unvollständigkeit des «eigentlichen», möglichst vorwiegend kinästhetisch wahrgenommenen Körpers scheint mir der menschlichen Neuropsychologie unangemessen zu sein. Insbesondere beim Manne sind visuelle Vorstellungskräfte häufig stärker ausgeprägt als bei einer Frau, was aus feministischer Sicht nun häufig als Abkehr von der Welt kritisiert wird. Ich finde es nicht gut, wenn der Geschlechterkampf durch die kognitiven Fähigkeiten eines Individuums quer hindurch geführt wird. Das stellt einen Verlust für alle

Beteiligten dar. Es kommt stets darauf an, wie die Fähigkeiten eingesetzt werden. Die Fülle von Imagination wie gleichermaßen die geringere Betonung von Imagination können beide weltverfehlende Ausmaße annehmen. An den kognitiven Merkmalen festzumachen, welches der «bessere» Mensch sei, scheint mir ein diffamierender Umgang mit der Individualität des Menschen zu sein (selbst wenn die Individualitäten nach Geschlechteraspekten gruppiert werden können).

Eine Rückkehr zur kinästhetischen Erfahrung des Körpers zu fordern, um tödliche Spiegelungsduelle zu vermeiden, stellt eine regressive Kapitulation vor den Möglichkeiten menschlicher Entfaltung dar.

Die Kritik an der Repräsentation, insbesondere im Sinne einer Spiegelung und einer narzißtischen Doppelung, geht vor allem auf Lacan und seine Lehre vom Spiegelstadium zurück, das dadurch in der frühkindlichen Entwicklung gekennzeichnet ist, daß der Säugling, der bisher sich selber nur als kinästhetisch uneinheitlich erfährt, beim Blick in den Spiegel in volle Begeisterung über die Einheit seines Bildes geraten kann. Nun ist es sicherlich eine einseitige philosophische Perspektive, das Glück in der Einheit des Bildes suchen zu wollen. Derartige Philosophien sind dem Spiegelstadium (typischerweise um den 8. Monat) des Säuglings durchaus zuzuordnen. Den Rückgang zur Kinästhesie zu wählen scheint angesichts der Möglichkeiten der Weiterentwicklung über das Spiegelstadium hinaus jedoch nicht die einzige Alternative zu sein. Die Betonung des Körpers kann auch in ein Stadium verlegt werden, das nicht nur kinästhetisch ist, sondern den Menschen bereits mit der Sprache bekannt gemacht hat. In diesem Sinne gehört zum zweiten Teil der Lektüre Lacans die Erfahrung, daß die Eroberung der sprachlichen und sozialen Welt mit einer Erfahrung von Körperlichkeit verbunden ist, die er als Genießen (Jouissance) bezeichnet, die aber keineswegs bedeutet, daß dieses Genießen sich nur auf der Lustseite bewegen würde. Vielmehr ist es auch mit den Schmerzen der körperlichen Anpassung an die Lebenssituation verbunden. Physiologisch könnte man hinzufügen, daß gerade das Durchhalten eines Bewußtseins, das sich nicht nur an der Lust orientiert, die Reifung der Persönlichkeit ausmacht, da nur dann Wirklichkeit gewonnen werden kann.

Manche Leser haben Schwierigkeiten mit Lacan. Der erste Teil seiner Theorie, die Analyse des Spiegelstadiums, kann noch auf einen Mythos zurückgeschlagen werden, nämlich den des Narziß. Den zweiten Teil, die Theorie der Jouissance, des Genießens, wissen manche nicht richtig einzuordnen. Wollte man Lacan jedoch etwas pointieren, so ließe sich sagen, daß beide Teile seines Werkes, die Analyse des Spiegelstadiums und die Theorie des Genießen in einem «Mythos» zusammengefaßt werden können, nämlich in der Lebens- und Leidensgeschichte von Jesus Christus. Die Begegnung mit ihm kann in mancher Hinsicht, wenn auch vorwiegend asymmetrisch, so doch auch als Spiegelung, verstanden werden. Das Spiegelbild kann jedoch zu einer sprachlichen Ausgestaltung finden, denn es ist das fleischgewordene Wort und die Wahrheit. Diesem nachzugehen bedeutet ohne Zweifel auch, Leiden auf sich zu nehmen, allerdings in der Wahrheit und damit letztlich in der Seligkeit. Demgegenüber geraten die Versuche, unmittelbar das Glück zu erreichen, zur einseitigen Ausprägung des Nervensystems, die zu unglücklichen Spiegelungen und anderen Einseitigkeitsproblemen führen können.

Führt man das Werk Jacques Lacans durch diese Rückprojektion auf den Nazarener einer umfassenden Deutung zu, so wird verständlich, weshalb er, anders als andere unmittelbar auf Lebenstüchtigkeit abzielende Therapien, auf so große Abwehr gestoßen ist. Von Interesse ist jedoch, daß diese Rückprojektion zur Analyse des Christusereignisses selber herangezogen werden und dabei neue Interpretationen für dieses Ereignis ermöglichen kann. Es wird dann deutlich, daß viele Geschehnisse des Christusereignisses darauf ausgerichtet sind, gerade die Spiegelungsphase des Erlebens zu überwinden. Dazu gehören auch Sätze wie «Ihr seid in mir, wie ich im Vater bin», die einem unmittelbaren Doppelungsspiel entgehen, wie dies überhaupt bei der Überführung des Doppelungsspiels in die Spiegelung dreier Personen der Fall ist (Dreifaltigkeitslehre).

Das Antlitz und die Gestalt des Menschen sind ein starker Attraktor. Immer dann, wenn sich im Nervensystem viel Unruhe ansammelt, dann ist es dieser Attraktor, der diese auf sich zieht und eine neue Ordnung ins Gehirn bringen kann. Will man Judentum und Christentum nicht als Gegensatz denken, dann könnte man sich vorstellen, daß Christus als der Attraktor erscheint, der sich verschwindend (Karfreitag) asymptotisch an das Gesetz des Vaters anschmiegt, so daß das Christentum keine Differenz zur ursprünglichen Gesetzesreligion aufweisen müßte, sondern vielmehr als deren emotionaler Wegbereiter erscheinen könnte. Nimmt man dies in den Blick, dann wäre es nicht mehr notwendig, mit zwei Mündern zu sprechen, wenn man das Gehör von Christen oder Juden unmittelbar erreichen möchte. Der Mystiker Abraham Abulafia hatte im 13. Jahrhundert die Vision, den Papst davon überzeugen zu müssen, daß er sein Volk für den kommenden Messias freigebe. Der Papst reagierte mit dem Bannspruch, daß Abulafia vor den Toren Roms verbrannt werden müsse, wenn er die Stadt betreten wolle. Abulafia ließ sich dadurch nicht abschrecken, hatte in der Nacht, bevor er Rom betrat, jedoch die Vision, zwei Münder zu haben. Der Papst starb in dieser Nacht, und Abulafia blieb ungeschoren. Diese Vision der zwei Münder erinnert jedoch auch an die Äußerung von Lyotard, der meinte, daß es zwischen Judentum und Christentum keinen dritten Bezugspunkt der Beurteilung geben könne. Interessanterweise gibt es von einer kroatischen Künstlerin eine Selbstdarstellung, auf der sie in einer Art Videocollage anstelle der Augen einen Mund hat, der deutsch spricht, während ihr ursprünglicher Mund kroatisch spricht. Beide Münder sprechen abwechselnd oder auch zugleich. Dies ist der schärfste Ausdruck von Differenz, der sich zwischen verschiedenen Sprech- und Kognitionssystemen konstituieren kann. Das Geschick des Menschen wird im wesentlichen davon bestimmt, inwieweit er eine Theorie des Geistes von den Eigenheiten des anderen entwirft und sich mit dieser auf den anderen einstellt. Der andere weiß dann aber nicht, was gesagt wurde, war es Einstellung oder unmittelbarer Ausdruck. Die doppelte Rede führt zu unendlichen Verwicklungen. Es ist fraglich, ob sie ein Ausweg aus dem Modell des Doppelgängers ist. Dennoch ist es interessant zu sehen, daß sich in der Gegenwart, in der wir multimedial mit mehreren Geräten zugleich kommunizieren (Handy, e-mail, Telefon, Computer, TV usw.), eine Art Archetypus des doppelten Informationsausganges, eine Art «Os praeter», aufdrängt. In der klinischen medizinischen Situation gibt es derartige Konstellationen bereits auch. War schon die Schrift ein zusätzliches Kommunikationssystem neben dem Sprechapparat, so sind Versuche, ein Denk-Übersetzungssystem zu entwickeln, mit dem man mit Hilfe der Hirnströme über ein Computersystem seine Gedanken zu äußern lernt, fast auf der Linie des doppelten Mundes anzusiedeln, wenn solch ein Gerät nicht die volle Konzentration des betätigenden Gehirns erfordern würde. Offenbar gilt bis auf weiteres doch wohl noch das russische Sprichwort, daß wir zwei Ohren zum Hören und einen Mund zum Sprechen haben. Der Vielfalt der differenzierten Wahrnehmung, z. B. im Cocktailparty-Effekt (eine vordere Sprechmelodie wird wahrgenommen, so daß alles andere völlig verschwindet, und wir können uns in verschiedene Gespräche, mit sicherlich wechselndem Erfolg, einklinken), steht entgegen, daß wir eine entsprechende Vielfalt in unseren Äußerungen nur in begrenztem Maße erlernen können. Dennoch sehe ich eine gewisse Faszination in dem Gedanken, aus der Epoche des bildlichen Doppelgängers heraus gewisse Zeichen für linguistisch-mediale Doppelung im Menschen zu erkennen.

Bis auf weiteres wird der Doppelgänger auf verschiedene Weise die kreativen Prozesse des Menschen jedoch noch bestimmen. Die Wissenschaftsphilosophie, die sich in den 70er Jahren in der Polizistenrolle gefiel und dabei den aufgrund seiner Kampfesaspekte leicht widerlegbaren Marxismus nicht im Hinblick hierauf, sondern geisteinengend aufgrund seiner spekulativ ungesicherten Entwurfsdimension widerlegen wollte, schränkte die kreative Dimension des Geistes dabei über weite Felder ein. An diesen Folgen des Kreativitätsverlustes kranken wir noch heute. Es scheint daher heilsam, einmal zu betrachten, wie innerhalb der Naturwissenschaft selber die aus dem «Chaos» steigenden Kräfte sich in der Perspektive eines zusätzlichen Beobachters bündeln können und dabei höchst schöpferische Kosmosentwürfe tätigen können. Um das zu leisten, ist, glaube ich, aber eine gewisse Unbekümmertheit, Lebensfreude, die Geschlecht und Theorie gleichermaßen umfaßt, wirklich bekömmlich. Ich denke dabei nicht nur an Einsteins lebensfrohe Natur, sondern auch an die Gestalten, die ihn bewegten, seine spezielle und seine allgemeine Relativitätstheorie zu entwickeln.

In unseren Kulturen meinen viele, auf die Ich-Grenzen acht haben zu müssen, obwohl dieses Konzept auf einer territorialen Metapher beruht, die bei den in das Geistige reichenden Interessen gar nicht zur wirklichen Anwendung kommen kann. Haben sie dann dennoch das Gefühl, die Abgrenzungswand sicher um sich aufgerichtet zu haben, werden sie von dem Bewußtsein der Enge überfallen und möchten nichts lieber, als Objektgrenzen einzureißen. Da

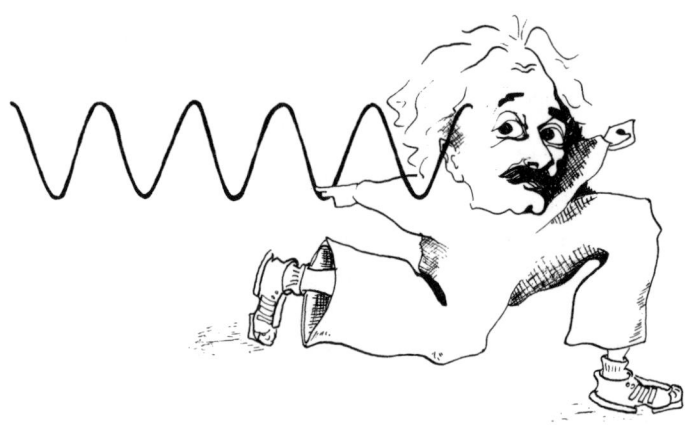

*Abb. 2: Für Einstein war die Frage, was ein Mann sieht,
der neben einem Lichtstrahl einherläuft, die treibende Kraft
für die Entwicklung der speziellen Relativitätstheorie.*

dies in der Liebe dann oft nicht mehr gelingt (man sieht den
anderen durch die Mauern nicht), ist es nicht selten, daß
Theorien, die sich mit der Subjekt-Objekt-Aufbrechung
befassen, eine besondere Faszination ausüben. In diesem
Zusammenhang findet die Physik mit Quantentheorie und
Relativitätstheorie besonderes Interesse. Die Unbestimm-
barkeit des Elektrons hinsichtlich Zeit und Ort zugleich,
eher sein seltsamer Status zwischen Subjekt und Objekt sowie die seltsame Relativität unserer Beobachterperspektiven
stellen eine Faszination für jeden dar, der die Fragen der
«Subjekt»-Grenzen im «Objektiven» dargestellt sehen
möchte.

In der Hirnforschung wird die Komplexität der Beziehung zwischen dem Untersucher und seinem Gegenstand
an Komplexität im Vergleich zu den Konstellationen der
Quantentheorie bereits übertroffen. Nimmt man Experimente in den Blick, bei denen neuronenzellentragende
Elektroden in das Hirn eingeführt werden, so daß die ein-

geführten Neuronen das Gehirn zu untersuchen beginnen und dabei mit dem Untersuchungsgegenstand ein Netzwerk gemeinsam ausbilden, so ist die Subjekt-Objekt-Beziehung hier eine Strategie zur somatischen Transformation eingegangen.

Immer wenn der Untersucher selber zum prinzipiellen Gegenstand der Studie wird, stehen interessante Verschachtelungen der Selbst- und Objektbeziehung an, die es schließlich der Transzendentalphilosophie so schwergemacht hatten, mit der Hirnforschung überhaupt zu Rande zu kommen. Sich selber in einer Art «Transzendenz» verdoppeln zu wollen verträgt sich nicht gut mit der Absicht, sich noch einmal als Gegenstand der Untersuchung in den Blick nehmen zu wollen. Gerade im Zulassen mehrfacher Verschachtelungen haben die modernen Wissenschaften aber ihre größten Erfolge errungen. Das Zulassen mehrfacher Verschachtelungen bedeutete aber, daß Narziß seine Lippen vor der Quelle anhielt oder zumindest zuließ, daß seinem Begehren noch ein weiterer Beobachtungsrahmen oder Beobachter zugesellt ist.(Ich stelle mir vor, daß im Sommer die Berührung des frischen Quellwassers die Wangen belebt, die Lust zum Bade weckt und nach einem bißchen Untertauchen und Geplantsche keineswegs zum Ertrinken führen muß. Sicherlich wird Echo, lachend am Rande der Quelle stehend, auch ins frische Wasser steigen und bei einer kleinen Ohnmacht aushelfen.)

Albert Einstein hätte an solch einem Geplantsche und Gelache seinen Spaß gehabt. Er hat sich eine spontane Beziehung zum Sinnlichen bewahrt. Dies bedeutet keineswegs, daß in seinem Leben die Probleme des Doppelgängers keine Rolle gespielt haben. Die These ist ja eher, daß sie nicht Konkurrent, sondern Konstitutionsgrundlage sexueller Lust sind. Das Bad in der Quelle, die Initiationsbesprenkelung, die Taufe, wäre die Ermöglichung der Lustgemeinschaft.

Gibt es ein Rezept für Kreativität? Es kommt auf die Aufgabe an. Verschiedene Aufgaben erfordern verschiedene Formen von Kreativität. Wesentlich für Kreativität ist, Ich-Grenzen im entscheidenden Moment riskieren zu können. Das narzißtische Manöver kann durchaus dazu gehören. Für verschiedene Formen der Stabilisierung und Riskierung von Ich-Grenzen sind unterschiedliche Leistungen geeignet. Wesentlich für die Kreativität ist die Ausdauer bei der Ausarbeitung des einmal Gesehenen.

Für die Entwicklung der Relativitätstheorie war der Doppelgänger ein willkommener Geselle. Einstein machte keinen Pakt mit ihm, sondern lud ihn ein zu verschiedenen Reisen, er war viel mutiger als Faust und sauste nicht nur einmal mit dem Besen über das Heimatdorf. Er narrte den Lichtbringer mit dem Hin und Her von Beschleunigungen und einander überholenden und enteilenden Bezugssystemen, bis dieser nicht zur Ruhe kommen konnte und man sich wundern müßte, wenn er nicht zu Tode gehetzt wurde. In der Entwicklung von Einsteins spezieller Relativitätstheorie, die er 1905 veröffentlichte, spielte die von ihm gestellte Frage, ob ein Mann, der neben einem Lichtstrahl herlaufe, dieses Licht wahrnehmen könne, eine zentrale Rolle. Die Theorie war eine Meisterleistung mathematisch-physikalischer Ausarbeitung, der kreative Ursprung lag jedoch im Umgang mit dem kleinen Männchen, das neben einem Lichtstrahl herhetzte. Psychodynamisch mag hier die Konstellation eines Doppelgängers vorgelegen haben. Rational bekam er aber eine Rolle zugewiesen, die über die der Konfrontation im «Studenten von Prag» oder die üble Dienerschaft im Mephisto hinausging und dabei half, das Weltall in all seinen Dimensionen zu durchmessen. Wichtig war, daß das kleine Männchen keine Oberhand über ihn gewann. Sicherlich war es auch ständig außer Atem und hätte kaum noch die Kraft gehabt, ihm etwas «anzutun». Auch hatte Einstein es in gewisser Weise in die Irre geführt, denn neben dem Lichtstrahl einherlaufend, befand es sich gleichsam in der Finsternis.

Albert Einstein stellte zwar noch die Frage, ob es sehen könnte, war durch diese Frage aber vor einer unmittelbaren Spiegelung der Blicke geschützt. Der kleine Doppelgänger mußte schneller rennen als Narziß auf seinem Lauf zur Quelle und hatte keine Chance, seinen Durst zu stillen oder gar einen spiegelnden Blick zu erhaschen. Er rannte in der Finsternis und rennt dort aus pädagogischen Gründen immer noch weiter, um das große Ergebnis der Physik zu demonstrieren, daß nicht das kleine Männchen, sondern das Licht das Maß im Weltall ist. Wissenschaftstheorien sind kaum geeignet, kreative Prozesse zu fördern. Wer kreative Wissenschaft betreiben möchte, kann Wissenschaftstheorie in vielen Bereichen eher zur methodischen Absicherung seiner Ergebnisse zusätzlich einsetzen. Der kreative Prozeß selber hängt von anderen Dingen ab und setzt in erster Linie natürlich eine äußerst intensive Beschäftigung mit dem Gegenstand oder auch mit der Beziehung zum Gegenstand voraus. Die Beziehung zum Gegenstand kann selber Gegenstand der Forschung werden, und insofern ist eine Beschäftigung mit Wissenschaftstheorie natürlich von Bedeutung, wenn diese selber kreativ weiterentwickelt werden soll. Im Falle der Physik im Bereich der Relativitätstheorie und der Quantentheorie wird Wissenschaftstheorie nicht zu einer vorgeordneten Disziplin, sondern zu einem Teil des Unternehmens selber.

Man muß sich in vielen Bereichen der Physik auf die Erfahrung der Experimente einlassen, ich weiß von einem Philosophen, der der Ansicht war, daß man durch theoretische Überlegungen die Experimente der Physik ersetzen könne. Er schrieb dies an den amerikanischen Philosophen Hilary Putnam, der erwiderte, das fände er sehr gut, das würde sehr viel Geld sparen.

*Abb. 3: Kann ein Mann im frei fallenden Fahrstuhl
zwischen Beschleunigung und Gravitation unterscheiden?
Die Frage war für Einstein leitend bei der Entwicklung
der allgemeinen Relativitätstheorie.*

Einstein hat seine Experimente theoretisch vollführt, aber er hat sich auf die Erfahrung der konkreten Experimentalphysik eingelassen. Das kleine Männchen, das er bei der Entwicklung seiner speziellen Relativitätstheorie hin und her führte, war nicht der Mittelpunkt des Alls. Vielmehr zeigte sich bei allen Relativitäten die Lichtgeschwindigkeit als durchgängige Konstanz. Eigentlich war die Relativitätstheorie eine durchgängige Konstanztheorie, die aufwies, daß es eine Konstante im Weltraum gibt. Das kleine Männchen wurde zu einer untergeordneten Figur, es hatte als kreativer Generator seine Schuldigkeit getan, der wie ein Morgenstern den Himmel durchquert, selber aber keine Lichtgestalt war, sondern in Differenz zum Licht stand, das mit seiner Geschwindigkeit die allgemeine Konstante des Alls geworden war. Zumindest für die physikalische Bewegung wurde es zum allgemeinen Bezug. Das kleine Männchen hat Einstein geholfen, Berechnungen durchzuführen, denen zufolge es mit der Annäherung an die Lichtgeschwindigkeit eine Entwicklung zu hoher Masse nehmen mußte: Es war manipulierbar (verschiebbar), blind und schwer geworden. Einstein brauchte es nicht einmal fallen zu lassen, es mußte bei der Beschleunigung, die es akzeptiert hatte, eine ungeheure Masse entwickelt haben und zwangsläufig abstürzen.

Einstein machte auch aus diesem Sturz einen kreativen Prozeß. Bei der Entwicklung der allgemeinen Relativitätstheorie, die er ab 1907 in Angriff nahm und 1915 bzw. 1916 abschloß, stellte er wieder eine Frage an das kleine Männchen. Was geschieht, wenn sich ein Mann in einem Fahrstuhl befindet, dessen Seile gekappt werden? Jetzt zielte die Frage auf die Deutung der Schwerkraft, die in die spezielle Relativitätstheorie, welche sich mit Licht und Elektromagnetismus befaßte, noch nicht integriert war. Der im Fahrstuhl eingeschlossene Doppelgänger kann nicht entscheiden, ob er durch einen technischen Antrieb oder durch die Gravitationskraft beschleunigt wird. Die Gleichstellung von Beschleunigung und Gravitation in diesen Gedankenexperimenten ermöglichte Einstein die Integration der Schwerkraft in die Relativitätstheorie.

Die Analogie der beiden kreativen Urbilder zum Lichtbringer und zu seinem Absturz ist offenkundig, und man möchte es gar nicht so deutlich benennen. So hatte auch Benish Hoffmann, der eine eingehende Darstellung der Einsteinschen Relativitätstheorie geliefert hatte, bei der Referierung der Gedankenexperimente, den Absturz des Fahrstuhlschachtes, durch das Bild eines Engels, der selbst den Fahrstuhlschacht nach oben «liftet», ersetzt. Gerade die Gleichwertigkeit der Ausrichtungen (z. B. nach oben und unten) ist aber ein wesentliches Ergebnis der Relativitätstheorie.

Man kann den Sturz des abgefallenen Engels in Einsteins Theorie als verschwindend sehen, nachdem er seine kreativen Dienste erbracht hat. Die Abgründe des Raumes, die Schwerkraft und die Zeit des Sturzes verschwinden gleichermaßen in einer allgemeinen Geometrie, in welcher die Schwerkraft als Raumkrümmung zur Darstellung kommt. Es scheint, als habe Einstein seinen Doppelgänger überlistet und in der durch diesen kreativ geförderten Theorie verschwinden lassen.

Seine Theorie hat kurz nach dem Ersten Weltkrieg zu einer außerordentlichen Begeisterung geführt. Einsteins Theorien wurden aus Deutschland über Holland noch während des Krieges dem britischen Astronomen Eddington mitgeteilt. Dieser war in der Lage, eine Expedition nach Brasilien zu organisieren, wo eine gut zu beobachtende Sonnenfinsternis erwartet wurde. Die Ergebnisse der dabei getätigten Fotoaufnahmen waren sensationell. Es konnte nachgewiesen werden, daß der nach dem Boten Merkur benannte Planet, der zu der Zeit in Nachbarschaft zur Sonne stand, in seinem Lichtstrahl von der Schwerkraft der Sonne abgelenkt wurde.

Da Licht nicht nur Welle war, sondern auch aus Teilchen, Photonen, bestand, unterlag es der Schwerkraft, die im Falle der Sonne ausreichend war, um eine leichte Ablenkung der Strahlen des Merkurs zu bewirken. Wenn man es etwas flapsig formulieren will, dann kann man sagen, daß Einstein mit seinen Hin-und-Herschiebe-Gedankenexperimenten das Unglaubliche vollbracht hatte, nämlich vorauszusagen, daß das Licht des «Botengottes» (Merkur) Umwege macht. Gegenüber einem Tom-&-Jerry-Film hat die allgemeine Relativitätstheorie Vorteile. Im Tom-&-Jerry-Film ist die Schwerkraft zwar auch überwunden. Die Gestalten können durchaus über einen Abgrund laufen, in dem Moment jedoch, wo sie es bemerken, stürzen sie ab. In der allgemeinen Relativitätstheorie hingegen ist die Schwerkraft selber zu einer Eigenschaft (Krümmung) des Raumes geworden. Für unsere erhaltenen Reflexe gibt dies ein Gefühl der Geborgenheit. Dennoch, so ganz ohne Hinterlassenschaft blieb das Durch-den-Raum-Schießen (*diabolein*) nicht. Die berühmte Formel von der Gleichwertigkeit von Masse und Energie half dabei, im Zusammenhalt der kleinsten Massen verborgene Energie freizusetzen. Die Physik der Kernspaltung zeigte, daß Doppelung, wenn als Spaltung verstanden, zur Identität eines neuen Elementes führte und dabei Energien freisetzte, die als Waffe eingesetzt werden konnten. Man ist geneigt, den bei der Entwicklung der Kernwaffen versteckten Mythos, den wir hier vorsichtig berühren wollten, schleunigst wieder zu verlassen. So brillant Einsteins Geste der Verabschiedung des kleinen Doppelgängers war, so wichtig ist es doch, daß wir mit der Beschäftigung mit Doppelgängergeschichten nicht in deren Sog geraten. Nicht immer verfügt man über die Lebensfreude oder auch die Abstraktionskräfte, mit denen dieser Sog überspielt oder weggepustet werden kann. Die Forschung zum atomaren Duell (s. z. B. Lee) ist mittlerweile zu dem Ergebnis gekommen, daß Duellsituationen rational nicht gemeistert werden können. Das Ergebnis ist, daß Fichte-

Goethesche Teufelspaktspielereien für den privat-esoterischen poetischen Bereich der Aufarbeitung gewisser psychodynamischer Konstellationen als Zwischenphase vielleicht nur schwer vermeidbar sein mögen, daß sie aus dem Bereich des privaten Schicksals nach den historischen Erfahrungen, die wir haben, keinesfalls zur politischen Generalisierung gebracht werden sollten.

Die moderne Physik hat uns mit experimentellen Ergebnissen und theoretischen Konstruktionen vertraut gemacht, die das Erstaunen über die ursprünglichen Phänomene fast noch übertreffen können. Staunen wir schon über das Licht, so ist dessen Repräsentation in der physikalischen Theorie als Doppelnatur von Körper und Welle doppelt erstaunlich. Vielleicht möchte man sich an ein Drittes erinnern, nämlich, daß es Träger des Fernsehsessels des Herrn war (Thronwagen nannte man das), nicht vielleicht als Streifen am Himmel, sondern aus den Tausenden von Milliarden Quellpunkten unseres Gehirns (den «pulsierenden» Ranviersschen Schnürringen) hervorgegangen.

PHYSIK DES GEHIRNS:
WARUM WIR KEINE COMPUTER SIND

Wir sind keine Computer im Sinne gegenwärtiger Rechnersysteme. Hierzu sieben Punke:

1. Wir haben keinen Taktgeber. Dadurch ist auch Information im Sinne binärer Informationsverarbeitung nicht definiert.

2. Wir versuchen, uns unsere Zeit selber zu geben. Dabei haben auch diese Zeitgeber-Systeme ihre Eigenzeiten. Die verschiedenen Zeiten innerhalb eines Gehirns können durch die Stirnhirnfunktion auszubalancieren versucht werden. Doch auch das geschieht nicht außerhalb einer besonderen Zeit, kann aber mit dem «Gefühl» der Zeitlosigkeit verbunden sein.

3. Bekommt unsere «Software» einen anderen Körper, so erhält sie auch eine andere Zeit. Unsere Kohlenstoffeigenschaften geben uns ganz bestimmte Zeitcharakteristiken.

4. Da uns eine universale Zeit fehlt, mangelt es uns auch an einer universellen informationellen Deutung unserer Hirntätigkeit.

5. Für die Ansteuerung eines definierten «Abarbeitungsschrittes» müssen zumeist viele andere Schritte getan werden. Dadurch prozessiert das Gehirn stets mehr als vorgesehen: ein Ursprung des «Neuen».

6. Das Gehirn verringert seine Nervenzellzahl und gelangt dadurch zu besseren Leistungen. Beim Computer gibt es eine derartige «Kastration» nicht.

7. Durch die Diffusion von Gasen (u. a. Stickstoffoxyd) werden im Gehirn räumliche Prinzipien der Benachbartheit wirksam. Derartiges findet sich im Computer nicht.

Die Diffusion von Gasen zur Signalverarbeitung im Nervensystem eröffnet mit ihrem kontinuierlichen Aspekt den konkreten physikalischen Raum für die Interpretation mentaler Ereignisse. Die Theoriehoffnung geht ohnehin darauf hinaus, in einer Zuordnung von Informationen, Signal, Raum und Energie vielleicht noch unter Hinzunahme der Dimension der Potentialität eine Zusammenführung mentaler und neuronaler Ereignisse zu finden. Bisher mußte man immer noch mit der auf einen Dualismus rekurrierenden These arbeiten, daß Kontinuitäten im Mentalen durchaus mit Diskontinuitäten im Neuronalen verbunden sein könnten. Das Phänomen der Gasdiffusion öffnet nun neue Möglichkeiten der Interpretation. Das Phänomen, daß diese Diffusion geometrisch gesehen eher Kugeln und Sphäroide betrifft, muß nicht als Einschränkung für eine Isomorphie-These genommen werden, sondern kann als Bestätigung der besonderen Bedeutung einiger Archetypen gelesen werden. Gerade die Erfahrung der Kugel geht mit tiefgreifenden persönlichen Erfahrungen und psychischen Umwälzungen einher. Sie eignet sich in erster Linie in Krisensituationen als Ausdruck dessen, daß ich plötzlich in der Lage bin, jene Umhüllung zu erfahren, in die ich mich stets hineinimaginiere. Dementsprechend heißt es auch bei Parmenides, alles Sein sei in einer Kugel zusammengefaßt, nur das Schicksal stehe außerhalb. Dies bedeutet, daß im Heraustritt aus der Kugel und in einem gewissen Sinne beim Betreiben von Kugeltheorien Schicksal ansteht. Wenn das Nervensystem in der Lage ist, eigene Aktivitäten zu detektieren (wir können uns auf die Aktivität nur einer Rückenmarkszelle beispielsweise konzentrieren), dann dürften auch die Diffusionsgradienten einer Gasdiffusion in gewissem Maße vom Nervensystem nicht nur als Rechengrundlage benutzt werden, sondern auch als Gegenstand der Erfassung ins Spiel kommen können. Gerade bei größeren Emotionen und Umwälzungen, bei denen stärkere Diffusionen stattfinden, können diese als eigenes Ereignis in eine geometrische Visualisierung gebracht werden. Natürlich müssen diese Geschehnisse versprachlicht werden, und stets sucht der Mensch auch nach der Deutung solch einer Kugel. Neurophysiologisch gesehen, wäre die herausragende Stellung der Kugel-Wahrnehmung nicht einfach sekundär aufgrund der geometrischen Besonderheit und Vollkommenheit, sondern weil sie ihr Diffusionskorrelat in der neuronalen Bearbeitung hat. Die Kugel kann jedoch schnell zum Abschließen von Welten führen in dem Sinne, daß andere ausgeschlossen werden. An der Kugelwand findet sich dann eine tödliche Negation (z. B. zwischen Ich und Nicht-Ich). Gerade diese Wandaufteilung hat aber das Schicksal außer sich und ist gerade deshalb diesem unterworfen. Verfolgt man den spekulativen Gedanken weiter, daß das Nervensystem seine eigenen Gasdiffusionskugeln berechnen könnte, so liegt es nahe, daß diese Berechnungen am ehesten unvollständig sind, am ehesten nur drei Viertel der Kugel erfassen, da die in sie hineinreichenden Neuronen die Information über die Diffusion weitertragen müssen und daher z. T. einen blinden Fleck in der Kugel erstellen. Vielleicht ist dies aber die angemessene Zurückhaltung.

Als Deutung der Kugelerfahrung liegt mir jene von Rilke nahe, der sie nicht für die alltäglichen Grenzziehungsmetaphern einsetzen wollte, sondern statt dessen von der Kugel der Offenheit sprach. Dies ist ein schönes Beispiel dafür, wie möglicherweise sehr alte Mechanismen des Nervensystems, die auch evolutionäre Einbettungen aufweisen, in einen sehr freien Gebrauch des Geistes überführt werden können.

Nach meinem Modell könnten Kugelerlebnisse auch Ausdruck einer sehr intensiven Ausschüttung von Überträgergasen sein, die aber aufgrund der außergewöhnlichen Intensität nicht ohne weiteres reproduzierbar sind, da sie eben in ungewöhnlichen Krisensituationen stattfinden, die aufgrund dieser Intensität der Selbstwahrnehmung zugeführt werden können. Solche intensiven Erlebnisse müssen nicht per se pathologisch sein. Möglicherweise kann diese Diffusion aufgrund ihrer nachbarschaftlichen «Logik» sogar zur Stabilität und Einheit des neuronalen Netzes beitragen. Problematisch werden solche Erfahrungen erst, wenn sie der Versprachlichung entzogen sind. In diesem Sinne aber könnte der Blick in das brennende Herz des Mandalas gefährlich sein, so wie die Worte fehlten, als in dem Mandalainneren, dem Turm der Abtei, im Namen der Rose das Feuer ausbrach und die Worte verzehrte. Ja, noch mehr, der Name der Rose, deutet schon jene Beziehung an, die zwischen Blume und Wort nie zu einem abgeschlossenen Ende kommen kann. Die Ausdeutung von extremen Erfahrungen wie dem Kugelerlebnis kann im Einzelfall rationale Züge annehmen und in Schulen ohne Erneuerung der Erfahrung durchaus weiterbetrieben werden. Peter Sloterdijk hat bei dem Versuch einer systematischen Darstellung von Kugelerfahrungen und deren Ausdeutung auf Konflikte zwischen verschiedenen Kugelsystemen hingewiesen. In seiner Analyse fehlt der Hinweis, daß der göttliche Bereich in wesentlichen Traditionen nicht einmal unter dem Bild der Kugel, sondern unter dem des Dreiecks gedacht wurde. Folgt man jedoch der Linie seiner Analyse, der zufolge die am Göttlichen orientierte Sphärologie und die an der Erde orientierte Schalenaufteilung miteinander konkurrieren können, dann vermißt man doch bei ihm den Hinweis, daß die konkurrierenden Sphären, z. B. bei Cusanus, dann doch miteinander versöhnt werden, daß die äußerste Sphäre des Göttlichen durch die Gestalt Christi in der Versöhnung mit der Schöpfung gedacht wurde. Sloterdijk überspringt ein wesentliches, ja das kraftvollste Moment der europäischen Geistesgeschichte, wenn er Christus als Vermittler der Extreme wegläßt. Damit wäre aber an einer wesentlichen Stelle der Rationalitätsgeschichte der Kugelaufarbeitung eine wichtige Gestalt nicht in den Blick genommen, die in einer gewissen eingeschränkten Perspektive unser «Doppelgängertum» berührt.

DAS UNSTERBLICHKEITSPROGRAMM: WAS DENKT EIN MENSCH VON 800 JAHREN?

Gewinn und Verlust

Der Zusammenhang von Gewinn und Verlust beim Umbau des Nervensystems im vierten Lebensjahr läßt sich verstehend nachvollziehen und könnte fast den Status eines philosophischen «Prinzips» bekommen. Wie aber soll man den Verlust von Neuronen im Fortschreiten des Lebens werten? Sicherlich ist es nicht so, daß der tägliche Verlust von Nervenzellen, der ab dem 40. Lebensjahr drastisch einsetzt, gleich als ein Verlust von kognitiven und emotionalen Fähigkeiten anzusehen wäre. Auch in diesem Fall kann wie beim Vierjährigen von einem Gewinn an Übersicht gesprochen werden. Wenn ein Sachverhalt gut durchstrukturiert ist, dann kann er mit wenigen Zeichen abgehandelt werden. Schon die Intelligenzforschung zeigt, daß bei besserer Fähigkeit, kognitive Leistungen zu vollziehen, weniger Nervenzellen eingesetzt werden.

Doch irgendwann scheint es mit dem Neuronenverlust genug zu sein, oder sollte Douglas Adams recht behalten, der auf die Frage nach der Wahrheit nur mit der Zahl 42 antwortete? Die Strategien unserer Gesellschaft deuten auf einen anderen Umgang mit der Tatsache des in hohem Alter deutlicher werdenden Neuronenverlustes hin. Doch selbst bei Hundertjährigen, die geistig noch frisch sein können, muß der Neuronenverlust nicht zu einer Einschränkung der alltäglichen kognitiven Leistung geführt haben. Bei den Versuchen der Medizin, ein längeres Lebensalter hervorzurufen, muß man sich daher fragen, ob die Tendenz zur informationellen Zusammenfassung bei der kognitiven Tätigkeit, die eine gewisse Beziehung zum Neuronenverlust aufweist, als Störung oder als Gewinn des Alters zu deuten ist. Zur Zeit herrschen Tendenzen vor, die Besitzmetapher auch auf die Transmitterspeicher anzuwenden und zu postulieren, daß ein Mehr an Botenstoffen auch ein Mehr an kognitiver Tätigkeit, Emotionalität und «Seele» sei. Was aber, wenn man damit nur das Rauschen im Nervensystem erhöht und ihm die Möglichkeit nimmt, sparsamere Strukturierungen einzugehen, die dem schwächeren Energiehaushalt im hohen Alter angepaßte Informationsverarbeitung ermöglichen?

Muß nicht doch an dieser Stelle der Informationsbegriff, der für Sender-Empfänger-Beziehungen formuliert ist, für ein tausendfach verknüpftes Netzwerk nochmals überdacht werden? Ist der Mangel an Input-Output-Relationen schon als Nachteil anzusehen, nur weil weniger Informationen hinein- und herauskommen? Ja, auch wenn man nach innen schaut, muß es schon ein Nachteil sein, wenn das Bewußtsein weniger Informationen, also weniger Neuheiten, durchjagen? Kann die große Revolution der Seele nicht sanft und schleichend stattfinden, indem im mühseligen Hinblicken auf einen «Gedankenleib» nach Jahren eine kleine Bewegung erzeugt wird? Diese kleine Bewegung im Gebilde des Lebens kann für die Betreffenden eine ungeheure Bedeutung haben und findet in einem geöffneten Informationsbegriff ihre Entsprechung, wenn Information als relative Bewegung zwischen den Strukturen angesehen wird. Denn in diesem Fall ist die Auflösung eines Denkkristalls unter Umständen

mit mehr Bit zu versehen als die Durchschleusung von
Dutzenden von Bildern.

Die Kunst des Alterns

Dürfte Balzac seinen großen Roman über die Probleme der
Frau heute noch einmal schreiben, so würde er ihn nicht
«Die Frau von dreissig Jahren», sondern «Die Frau von
neunzig Jahren» nennen. Hatte sich die Frau früherer Generationen um ihren 30. Geburtstag herum Gedanken über
ihre soziale Rolle und «Einbettung» zu machen, so werden
Fragen der persönlichen Beziehungen und gesellschaftlichen Kontakte heute eher in dem Lebensjahrzehnt von Bedeutung, für dessen Ende man den 100. Geburtstag er-
hofft. Nimmt man die Zeitspanne von 30 Jahren als Maß
für den Generationenwechsel, so kann man diesen heute
dreimal in sich selber erleben. Der Philosoph Hans-Georg
Gadamer, so alt wie das 20. Jahrhundert, verfaßte wesentliche Schriften bereits in den 20er Jahren, erfuhr deren
Ablehnung in den 60er Jahren und kann nun ihre Kritiker
kritisieren. Hans Jonas verfaßte in den 20er Jahren ein
großes Werk über die Gnosis, in den 80er Jahren eines
über die Bioethik.

Ob Widerlegung der Widerleger oder völlig neuer Entwurf, die langen Lebenszeiten machen es möglich! Der
Mensch erscheint nicht mehr als eingezwängt in den linearen Zeitpfeil der Geschichte, sondern kann schaffend einige
ihrer Epochen überdauern. Er ist nicht mehr Übergang zwischen den Epochen, sondern wird zum Historiker seiner
selbst. Das kühne, jung sich verschwendende Genie weicht
dem Protokollanten langer Ereignisse. Der Pfeil der Sehnsucht ist in der Ausrichtung auf die Nachwelt verunsichert,
denn in der Gegenwart, in den vielen Nebenwelten, leben
z. B. mehr Künstlerkollegen, als alle bisherigen Welten zu-

sammen aufbringen konnten. Der Zeitpfeil wird umgelenkt in die vielen möglichen Welten, die Parallelwelten, die immer wirklicher werden. Das Leibnizsche Konzept der möglichen Welten wird beinahe zu einer notwendigen Denkbedingung zur Ordnung unseres Lebens. Von einer Parallelwelt tauchen wir in die andere, mag sein, daß dabei auch klassisch verstandene lineare Zeit vergeht: «Der Leben sind viele, der Künste noch mehr», lautet die pluralisierende Neufassung des «vita brevis ars aeterna».

Würde man an der Linearität des Zeitpfeiles festhalten, so könnten die Geschichtsmodelle der Medizinhistoriker den Kulturtheoretiker zur Verzweiflung bringen. Folgt man den Einsichten der Medizingeschichte, so sind Beginn und Ende großer Kulturepochen allein durch Ausbrechen und Verbreitung großer Krankheiten möglich gewesen. Am Beispiel des Mittelalters bedeutet dies, daß die großen europäischen Pestepidemien von 535 und 1350 Beginn und Ausgang des Mittelalters ermöglichten und definierten. Der kunstgeschichtliche Umschwung von 1350, für den Huizinga noch keine Erklärung finden konnte, wird aus der Sicht der Medizingeschichte auf die Erfahrung der Pest zurückgeführt. Die Einwohnerzahl einer Stadt wie Trier wurde von 100.000 auf wenige tausend reduziert. Weite Landstriche blieben ohne Priester und Ärzte, da diese sich insbesondere um Kranke gekümmert hatten und bevorzugt vom Pestfloh befallen wurden. Laienbewegungen begannen sich zu konstituieren, und neue religiöse und kulturelle Ausdrucksformen konnten sich artikulieren, ohne daß eine Auseinandersetzung mit einem Kulturmanagement hätte stattfinden müssen. Wie soll es heute aber mit unserer Kultur weitergehen, wenn die Widerlegten weiterleben und ihre Widerleger widerlegen und dies vielleicht über Generationen hinweg? Kann sich wirklich noch Neues entfalten, oder stellt alles, was als Neues vorgeführt wird, nur eine Attrappe eines sich dahinter verbergenden, immer älter werdenden

Establishments dar? Ist der Ruf nach dem Neuen so groß, weil wir immer älter werden?

Nun, was soll's, wir sind herausgetreten aus dem linearen Zeitpfeil durch die immer kleiner werdenden, aber immer größere Datenmengen speichernden Maschinen, archivieren die Kreativitätspotentiale immer breiterer Bevölkerungsmassen, die Hoffnungen auf Historie hatten, die mittlerweile selbst historisch geworden sind, da ihnen jetzt doch so viele parallele Welten zur Verfügung stehen.

Die Kunst des Gedächtnisses

Das Gehirn bedarf des Neuen, um mit seinem Altgedächtnis umgehen zu können. Es versucht das Neue zu rekategorisieren und gibt dadurch dem Alten eine Chance. Die nicht rekategorisierbaren Impulse liefern die «freie Energie», welche die Kognition am Laufen hält. In immer neuen Spiegelungen wächst und wuchert der Geist weiter. Während man früher für das Kunstwerk auf eine Nachwelt hoffte und damit die Serialität der Zeitenfolge schuf, erzeugt man heute von vornherein serielle Kunstwerke, die auf diese Weise die Wiederholung in der Spiegelung schon in sich hineinnehmen und damit signalisieren, daß sie keiner zusätzlichen bedürfen wollen. Die Lust liegt in der Wiederholung, die Variation braucht man nicht zu planen, sie stellt sich dabei selber ein.

In Spanien gibt es eine Vereinigung der über 60jährigen Toreros, die es nicht lassen können, immer wieder einmal in die Arena zu steigen, auch wenn sie sich dafür «ruhigere» Stiere aussuchen. Das Alter kennt jedoch auch den Neuanfang. Man denke an Tolstoi, der, über 80 Jahre alt, sich plötzlich entschloß, seine bisherigen Lebensverhältnisse zu verlassen (und dann den Tod auf dem Bahnhof fand). Das Alter hat ein Kreativitätspotential, und liberale amerikanische Philosophen haben zu Recht darauf hingewiesen, daß man das Alter nutzen sollte, um sich für Bürgerrechtsbewegungen zu engagieren, für die einem, wegen der Verpflichtung der Lebensmitte, oft Zeit und Kraft gefehlt haben.

Zwischen Torero und Tolstoi kann das Alter Strategien entwickeln, die es nicht auf das inhumane Modell einer Gedächtnistrainingsmaschine reduzieren. Angesichts der Tatsache, daß die Speichermaschinen den Menschen immer mehr von seinen Gedächtnisleistungen entlasten können, erscheint es an der Zeit, daß das Metagedächtnis des Menschen in den Blick genommen wird, welches sich damit begnügen darf zu erinnern, wo die eigentlichen Inhalte abgespeichert sind, statt diese auch noch in sich selbst hineinzunehmen. Dieses Metagedächtnis kann man zu einem meisterhaften Spiel der Strategien verfeinern, womit die Aufgabe der Kunst auf den Plan gerufen wäre.

Die Erforschung des Alters war lange Zeit von der Medizin übernommen worden und hatte aufgrund deren Perspektive naturgemäß vornehmlich das Defizitäre von Krankheit und Verfall in den Blick genommen. Die Psychologie hatte demgegenüber zu betonen versucht, daß die von der Soziologie herausgestellten «jungen Alten» ihre kognitive Kompetenz über lange Jahre absichern und sogar verbessern können. Politisch erschien die Perspektive der Psychologie und Soziologie opportun zu sein, da sie auf den ersten Blick weniger Geld kostet.

Im Streit zwischen Psychologie und Medizin scheinen die Disziplinen sich nun einig geworden zu sein: Die Medizin hat mit ihrem Defizitmodell recht, allerdings erst zu einem späteren Zeitpunkt. Was die Psychologie in ihren mühevollen Untersuchungen zu den differenzierten Gedächtnisleistungen herausgearbeitet hat, ist indes auf eine problematische Weise in die Praxis übertragen worden. In den Altersheimen werden zum Teil die gleichen Chips und

Computerprogramme für das Gedächtnistraining eingesetzt, die zuvor zur Prüfung gedächtnispsychologischer
Konstrukte verwendet wurden. Zwar darf man durchaus
hoffen, daß bei diesem Brain-Jogging gelernte Fähigkeiten
auf andere Bereiche übertragen oder sogar verallgemeinert
werden können. Dennoch wird der alte Mensch damit in
die Perspektive eines Gedächtnispsychologen gezwungen,
der aber nun anders als der junge Wissenschaftler ängst-
lich seine drohenden Defizite beargwöhnt. Wenn früher am
Kaffee- und Kuchentisch die Migräne die Hitliste diskutier-
barer Krankheiten anführte, ist heutzutage das Stichwort
«Alzheimer» zum Favoriten unter den Krankheitsdiskursen
geworden. Angst stört die Gedächtnisfunktion, und so
nimmt es nicht wunder, daß die Angst vor Alzheimer mehr
und mehr die Gedächtnisse irritiert. Mit der gedächtnispsy-
chologischen Trainingsmaschine, die an den inhaltlichen
Chancen des Alters für Erinnern, Gedenken und Andenken
vorbei operiert, wird ein Leistungsdenken in das Alter
perpetuiert, das aufgrund des Wiederholungscharakters zunächst eine gewisse Lust bereiten mag, dann aber die
Offenheit für die Strategien der Meisterschaft im Umgang
mit Erinnerung und Zerfall verstellt. Nicht die Gedächtnisstörungen sind das Problem des Alters, sondern der falsche
Umgang mit ihnen. Nach Medizin und Psychologie ist hier
jetzt Kunst gefragt.

Kommunikation ist ein Kunstwerk, das mit Unvollstän-
digkeiten arbeiten kann. Jede Pause, jede Lücke ist eine
Mitteilung. Entfällt einem ein Wort, so sollte man es schnell
durch eine allgemeine Formulierung, z. B. «Ding», ersetzen.
Die Rede unter den Bedingungen der Gedächtnisschwäche
könnte also z. B. so aussehen: «Als ich gestern Ding traf,
haben wir längere Zeit über Ding geredet.» Das ist besser
als: «Als ich gestern, ach wie heißt nochmal, du weißt doch,
wie heißt er denn, du weißt doch genau, wen ich meine,
ach mein Gedächtnis läßt doch immer mehr nach, ob das

wohl Alzheimer ist … usw.» Im ersten Fall kann der Geübte freundlich lächeln und das Wesentliche der Kommunikation, den Austausch von Emotionen, vollziehen. Im zweiten Fall wird er, statt Informationen zu bekommen, verpflichtet, in ein Such- und Ratespiel einzutreten, das ihn furchtbar zermürben und die Freude an der Kommunikation nehmen wird. Bald wird er gar nicht mehr zum Gespräch erscheinen.

Der Austausch der Emotionen hingegen kann zu einem Kunstwerk gestaltet werden. Wenn man genau nachprüft, wird man erstaunt sein, wie wenig Informationen auch bei den Gedächtnisfrischen ausgetauscht werden. Die Kunst liefert Beispiele für den Umgang mit dem Unvollkommenen, für das interpretierende Ergänzen widerständiger Installationen, für den Umgang mit wechselnder Durchsichtigkeit. Es gibt auch Kunstwerke, die das Vergessen einüben lassen.

Doch das Kunstwerk kann noch mehr, es kann die verschiedenen Diskurse, die im Leben nicht zur Einheit geführt werden konnten, wenn nicht vereinheitlichen, so aber doch an einem gemeinsamen Ort zusammenführen. Auch wenn auf der Linie von Kants Verwunderung über die Inkongruenz des Rechts und Links im Raume sich Enttäuschung über die Unüberführbarkeit der Hände des menschlichen Organismus ineinander breitmachen könnte, ist doch festzuhalten, daß es innovative Gesten gibt (Dürers betende Hände erinnern daran), welche zur logisch mathematischen Einheit in Konkurrenz treten können: Kunst der Einheit im Verfall, Kunst der Einheit des Unvereinbaren.

Zeit des Designs

Kommt nach dem Ausruf des Endes der Geschichte und des Endes der großen Erzählungen auch das Ende des Alterns? Forschungen zum Alter lassen erste Hoffnungen hierzu aufkeimen. Noch ist schwer zu entscheiden, welche möglichen Welten die wirklichen werden. Zwischen Utopie und Halbutopie darf das Gespür für die Würde des sterblichen Individuums jedoch nicht verlorengehen. Utopien irdischer Unsterblichkeit könnten das Szenario für die Diskriminierung der Gebrechlichen bereiten helfen. Vorsicht ist also geboten beim Überschwang der Phantasie in den Cyberräumen des Alterns. Die Auflösung der Bioethik und Biotechnologie in ein größeres kunsttheoretisches Geschehen findet jedoch in weitem Maße bereits statt. Vielleicht wird in diesen Zusammenhängen der Begriff des Alters noch eine Erinnerung an ethische Prinzipien markieren: Man könnte das Alter als Voraussetzung der Vollmündigkeit für den Entwurf eines neuen Körpers nach einem reifen vielgestaltigen Leben ansehen, damit das Design des eigenen Organismus für weitere Zukünfte nicht ohne vorheriges langjähriges Ausprobieren der Möglichkeiten der eigenen Existenz stattfindet. Neurotransplantatorisches Hirndesign also nicht schon mit 21, sondern erst mit 61 Jahren. Hierbei sind die Künstler als Vorreiter tätig. Während van Gogh sich noch ein Ohr entfernte, läßt sich Stelarc ein drittes wachsen. So erscheinen Konzept- und Installationskünstler sowie Historiker der Ästhetik demnächst als Berater im Operationssaal für Hirnkosmetik.

Ars senescendi

Ich erwarte von der Kunst wesentliche Anregungen für die Kunst des Älterwerdens, sind doch gerade Maler für ihr langes Leben bekannt. Und so mag man ihnen abschauen, wie man einen Seerosenteich anlegt oder einen heiligen Berg betrachtet und darin bereits in das Jenseits von Zeit tritt. Die Hirnforschung befaßt sich intensiv mit der Frage, ob es Teilsysteme des Gehirns gibt, die langsamer altern. Experimentelle Befunde sprechen dafür, daß das visuelle System gegenüber dem Abbau besonders resistent ist. Auch einige noch kontroverse Hinweise dafür, daß die rechte Hirnhälfte langsamer altert, könnten als Beleg dafür gewertet werden, daß der Künstler – vielleicht auch der intuitive Physiker? – den besseren Teil gewählt hat. Wahrscheinlich werden die noch in der Forschung befindlichen Fragen so aufgelöst werden müssen, daß die wahre Leistung des Alterns nicht mehr im Dagegen-Ankämpfen, sondern im Zulassen des Verlustes an der angemessenen Stelle bestehen könnte. Doch die Suche nach neuen Harmonien muß Spitzenleistungen nicht ausschließen.

Im höchsten Alter sind hohe gedankliche Leistungen möglich, wenn auch nicht immer über so viele Stunden ausgedehnt wie in früheren Jahren, und im übrigen kann manchmal in wenigen Sätzen auch eine große Leistung liegen. Der hochbetagte Experte des Alterns steht für etwas, was die Jüngeren erst noch zu lernen haben. In seinem Gesicht erkennen sie ihre, seine junge Seele. Sieh den Glanz in seinen Augen, auf dem Weg zum Bahnhof, zum Zug in parallele Welten!

Was denkt ein Mensch von 800 Jahren?

Es gibt verschiedene Strategien, das Alter gesellschaftlich zu integrieren. So spricht man z. B. von den jungen Alten oder versucht gar, Alter als eine besondere Form von Jugend zu charakterisieren. Es gibt genügend Gründe, die Jugendlichkeit des Alters zu sehen und die Möglichkeiten reichhaltiger Gestaltung auch für das 3. Lebensdrittel herauszustellen. Psychologie und Soziologie haben sich mit Erfolg darauf konzentriert, das Bild des Alters zu verändern. Der Gesellschaft selber stehen Worte der Beschreibung wie «Greisentum» und «Siechtum» kaum noch zur

Verfügung. Dadurch kann aber der Integrationsversuch, der auf die Verlängerung der Jugendlichkeit und Leistungsfähigkeit im Alter abzielt, einige – nämlich diejenigen, denen die Erfüllung dieser Charakteristika nicht so gut gelingt – besonders in die Ecke drängen. Je stärker die Integrationskraft eines einheitlichen Begriffes ist («Jugendlichkeit für alle»), um so schlimmer trifft es die, die nicht in seinen Definitionskreis hineingelangen. Daran kann auch die Tatsache nichts ändern, daß die Medizin in nachholender Bestätigung von Psychologie und Soziologie mit ihren Lifestyle-Therapien das an Jugendlichkeit nachliefert, was die Zeit in ihrer Arbeit an den Zellen des Organismus geschwächt hatte.

Eine Ethik der Identität, welche die Solidarität mit den Alten darauf aufbaut, daß sie zeigen will, daß sie genauso wie wir sind, scheint mir problematisch zu sein, da sie die Tendenz erzeugen könnte, jene zu marginalisieren und dem Vergessen in den Altenheimen und einsamen Wohnungen anheimzugeben, die dem vergleichenden Blick nicht standhalten können. Ich denke, daß wir deshalb auch ethische Alternativstrategien in den Blick nehmen müßten, welche es gestatten, mit den Grenzen des Lebens würdevoll und nicht mit dem Ruf nach Sterbehilfe oder Abschiebung umzugehen. Nicht die Verzweiflung, der Schmerz und der Verlust widersprechen der Würde des Menschen, sondern die Reaktion, darauf mit Ausstoßung reagieren zu wollen. Es wäre daher klug, sich auf Fremdheit an den Rändern des Alters gefaßt zu machen.

Dies kann durch mehrere Strategien geschehen, einerseits dadurch, daß man auf jene Fremdheit hinweist, die einen selber in den Fragen der Selbsthabe und des Selbstbewußtseins und in den Paradoxien seines zur Einheit-kommen-Wollens betrifft. Andererseits kann Fremdheit auch Anlaß zur Geste der Gastfreundschaft werden, die nicht darauf beharrt, daß alle in ihrer Lebensgestaltung gleich sind, und dies auch nicht zum voraussetzenden Ziel nimmt. Dieser Gedanke kann sogar zu einer besonderen Betonung geführt werden, wenn man wie David Schwartz herausstellt, daß es doch die Gestalt der Fremdheit wäre, in der der Herr am ehesten die Erde besuchen würde (warum z. B. nicht als schwächlicher, bedürftiger Greis?).

Die gegenwärtigen, nicht auf Vielfalt, sondern auf Identitäts- und Kontinuitätsbildung setzenden Strategien fordern dem Menschen zum Teil Leistungen ab, die in ihrer psychophysiologischen Fülle erst unter menschlicher Zuwendung zur vollen Entfaltung gelangen können. Von der besonderen Aufmerksamkeit auf die Gedächtnisprozesse im Alter ist erheblicher Fortschritt für psychologische und medizinische Behandlungstechniken zu erwarten. Dies darf jedoch nicht dazu führen, daß der Alte, um ihn als einen der Unsrigen erkennen zu lassen, unter die Anforderungen eines Gedächtnistrainings gestellt wird, das ihn eher in die Nähe technischer Speichersysteme rückt, statt den Horizont für die Entfaltung menschlicher Möglichkeiten zu öffnen. Dem Bedürfnis kognitiver Tätigkeit im Alter ist nicht damit Genüge getan, daß man Brain-Jogging-Spiele, die auf dem Computerbildschirm getätigt werden, im Altersheim installiert. Gedächtnis hat eine emotionale Komponente, die auf ein Gegenüber, auf Alterität ausgerichtet ist.

Gedenken und Erinnern richten sich oft auf jene Dinge im Leben, die nicht einfach eingeordnet werden können und eher als ein energetischer Überschuß denn als definierbare Informationskomplexe zu charakterisieren sind.

Bedenkt man, wie wenig Information in Gesprächen bisweilen ausgetauscht wird, daß also Gespräche eher ein Emotionsakt als ein Informationsaustausch sind, so kann beim menschlichen Umgang mit den Alten – von den speziellen medizinischen Gedächtnisstörungen einmal abgesehen – nicht die Frage des Gedächtnisses im Vordergrund stehen. Oft ist nicht die Gedächtnisstörung, sondern der

Umgang mit dieser das Hauptproblem. Schwieriger ist es, mit den sich daran anknüpfenden Konfabulationen fertigzuwerden. So, wenn eine alte Frau ihre Geldbörse verlegt hat, sich auch an den Aufbewahrungsort nicht erinnert, dann aber ihre Nachbarin beschuldigt, daß diese ihr alles entwenden würde. Angehörige, Polizei und Pflegeleitung haben mit derartigen Beschuldigungen häufig zu tun.

Der Mensch ist sich selber fremd und gelangt zu einer falschen Einheit seiner selbst, wenn er diese Fremdheit von sich ausschließen will. Ein 20jähriger, ein 40jähriger, ein 60jähriger und ein 80jähriger, welche die gleiche Person – nur zu verschiedenen Lebensabschnitten – sind, und die Gelegenheit hatten, einander zur gleichen Zeit zu begegnen, würden nun im glücklichen Fall einander belächeln, möglicherweise einander aber auch heftig ablehnen. Ausgrenzungen durchqueren das eigene Leben, und der Mensch ist nicht in der Lage, im Gedächtnis zur völligen Präsenz seiner selbst zu gelangen. Eine Ausnahme stellen eher extreme Gedächtnisaktivierungen dar, wie sie beim Sturz ins Seil und anderen Nahtoderfahrungen auftreten können, bei denen eine momentane Helle des Bewußtseins eintritt, die für den Alltag zwar einen Leitwert, nicht aber dauerhafte Realisierbarkeit haben kann.

Die Befunde der Hirnforschung zeigen, daß völlige Synchronizität der Neuronenimpulse zu einem Verlust des Bewußtseins (epileptischer Krampfanfall) und nicht zu erhöhter Präsenz führen. Zeitliche Verschiebungen sind konstitutiv für die Hirnprozesse. Die unmögliche Gleichzeitigkeit aller Neuronenimpulse und das ständige «Zuspätkommen» einiger Impulse sind Ursprung der Konzepte von Unbewußtem und Différance, wobei sich Freud und Derrida, die Urheber der beiden Konzepte, gleichermaßen auf Modelle der Neurologie (Derrida indirekt über Freud) berufen. Es ist jedoch nicht gerechtfertigt anzunehmen, daß der nicht vollständigen Synchronisierbarkeit der Nervenimpulse auch auf

psychologischer und Verhaltensebene ein ewiges Zuspätkommen entsprechen müsse. «Chercher le midi à quatorze
heures», zitiert Derrida und beruft sich dabei auf die im
Anschluß an Freud entwickelten Vorstellungen. Denken wir
jedoch an Shakespeares «Ende gut, alles gut», so muß man
sehen, daß sogar Fehlhandlungen im eigenen Leben vom
Entwurf der Zukunft aus gedeutet, verwandelt und umge-
formt werden können. Das Gehirn, das über keinen Taktgeber und keinen Chronometer verfügt, gestaltet über die
Entwurfszentren des Stirnhirns seine eigene Zeit durch die
Ausrichtung auf ein Ziel in der Zukunft, dieses kann dabei
nicht als ein eindeutiges und fixiertes, gleichsam im Sinne
einer cerebralen Planwirtschaft identifiziert werden, sondern muß den Dimensionen des Neuen, die von der rechten
Hirnhälfte insbesondere getragen werden, geöffnet bleiben.
Insofern bleibt ein Spannungsgefälle zwischen Entwurf und
Offenheit, das weder zugunsten des einen noch des anderen
beendet werden sollte. Im Falle des seelischen Traumas, des
Exzesses der Gefühle und der Energien, die einer informationellen Strukturierung nur schwer zugänglich sind,
spielt der Prozeß der Rekategorisierung des in der rechten
Hemisphäre erfahrenen Neuen und Ungeordneten des Über-
schusses eine entscheidende Rolle. Diese Rekategorisierung
wird insbesondere durch die Wortfähigkeit der linken Hirnhälfte geleistet. Insofern kann man abkürzend den inneren
Monolog des Menschen, der sich oft auf die Überschüsse
des Lebens und das damit verbundene Träumen bezieht, als
eine Rekategorisierung rechtshemisphärischer «energetischer» Prozesse in die allgemeine Semantik der linken Hirnhälfte deuten. Dies wird insbesondere durch mehrere Befunde der Hirnforschung nahegelegt, so unter anderem durch
den Nachweis von EEG-Veränderungen im rechten Tempo-
rallappen bei psychischen Traumen. Aber auch einige Modelle der Gedächtnisforschung lassen den Prozeß des Erin-
nerns, der einen wesentlichen Bestandteil des inneren Mo-

nologs darstellt, als Übergang vom episodischen Gedächtnis der rechten Hirnhälfte in mehr semantische oder biographische Muster der linken Hirnhälfte charakterisieren. Noch sind diese Kategorisierungen umstritten, nicht zuletzt wohl auch deswegen, weil die persönlichen Konzepte beim Umgang mit Erinnerungen und Verarbeitungen und dem Alter so unterschiedlich sind.

Die Kunst hat es sich zum Thema gemacht, die antizipatorische Geste des Sich-ein-Bild-Machens durch Öffnung zum Neuen und nicht Abschließbaren zu ergänzen. Fremdheit und überraschende Unerwartetheit werden zum Gegenstand der Kunst. Nicht alles ins schon Bekannte zurückzuholen, sondern sich für das Unerwartete zu öffnen scheint ihr innigstes Anliegen zu sein. Sieht man die abendländische Kunst als ein Geschehen in der Geschichte der Erscheinung des Herrn, so kann man sie zur Zeit eher als Mahnung vor vorschneller Vergötzung deuten. Der Herr erscheint nicht in der erwarteten Gestalt, er zeigt sich als das Unerwartete schlechthin, und wenn man die Kunst weiter als Theologumenon deuten will, so muß man darauf hinweisen, daß Denker wie David Schwartz das Fremde als die mögliche Erscheinungsform des Herrn schlechthin deuten.

Jenseits des Spieles von Fremdheit und Eigenheit durchzieht die Doppelstruktur des Gehirns des Menschen und die Identität des Menschen ein Hauch von Fremdheit und Unerwartetheit, auf den sich zu berufen, in den wechselvollen Entwicklungen des Lebens, jedem nur guttun kann. Das Anliegen der Aufklärung, einen denkerischen Entwurf für die Gestaltung von Menschenrechten zu erbringen, muß nicht mit dem Beharren auf eigener Identität geleistet werden, sondern kann auch über den Respekt vor Fremdheit, die auch unser innerstes «Eigentum» ist, geleistet werden.

Was denkt ein Mensch von 800 Jahren? Zunächst muß man feststellen, daß der Begriff des Denkens für ihn gar nicht definiert ist. Extrapoliert man die Häufigkeit des Auftretens der Alzheimerschen Krankheit über das Alter, dann müßten spätestens bei dem Alter von 135 Jahren bereits alle Menschen an seniler Demenz erkrankt sein. Doch dem 800jährigen des Jahres 2745 werden wohl neue Technologien zur Verfügung stehen. Seine Neuronen werden vom Proteinabfall bereinigt sein oder durch neue Stammzellen ersetzt werden. Vielleicht wird auch so manche Funktion von stabileren technischen Systemen übernommen werden. Wird er dann das Spiel der Rückholung des Neuen in das bereits Bekannte bis zur Langeweile vollendet haben? Oder wird er in seiner Form von Existenz das Fremdartigste schlechthin bewahren?

Zwischen dem Traum von Unsterblichkeit und der Sehnsucht nach dem erlösenden Tode war die Gestalt desjenigen, der durch die Jahrhunderte eilt und den Tod nicht finden kann, vielen ein Grauen, das nur durch den erlösenden Liebestod (wie beim Fliegenden Holländer mit Senta) seine Befreiung finden konnte. Doch vielleicht wird man bis dahin gelernt haben, für die Liebe andere Metaphern als die des Todes zu entwickeln, um nicht in den Fehler zu verfallen, den Tod durch romantische Liebesverklärung als Bahnbrecher für die Sterbehilfe zu mißbrauchen.

Es ist die große Frage, ob in den öffentlichen Diskurs die Reflexionsebene eingebracht wird, auf der die Auswirkungen von Verschönerungsbildern, z. B. grundsätzlich nur von «jungen» Alten zu reden, auf Ausgrenzungsmechanismen deutlich werden. Meiner Meinung nach sollten die ethischen Auswirkungen der Liaison von Optimismus-Erzeugung und Euphemismus auf Ausgrenzungen besprochen werden.

Die Gestalt des 800jährigen ist ein Prüfstein für die Entzifferbarkeit unseres Lebens. Was er denkt, wenn er denn nach der neurotechnologischen Transformation etwas tut, was wir dann noch Denken nennen, wird voraussichtlich recht vielfältig sein. Beginnen wir mit den offenen Projektionen und Antizipationen, und stellen wir uns auf das Unerwartete ein!

Ich denke, daß auch die Probleme des Alters zeigen, in welchem Maße wir von Bildern und Selbstbildern abhängen. In manchen Altenheimen dürfen die in die Doppelzimmer neu einziehenden Bewohner aus Platzgründen nur vier persönliche Fotos mitbringen. Da bleibt nicht viel Raum zum Dorian-Gray-Spiel des Alters. Wozu die Erde dann weiter in Fotos transformieren (in 200 000 Jahren ist alles einmal Foto gewesen)? Besser würden wir damit fahren, die junge Kraft des Gesetzes im Geschehen des Verlustes als Freude zu erleben.

DAS GLÜCK, DAS NEUE, DAS GESETZ

Wer ist glücklich?

Auch aus neurowissenschaftlicher Sicht lassen sich verschiedene Formen des Glücks beschreiben. Der Langstreckenläufer, der nach einigen Kilometern ein Hochgefühl erfährt, hat in seinem Nervensystem vermehrt Endorphine ausgeschüttet. Es sind Botenstoffe, die dem Morphium ähnlich sind und auch vom Körper selber hergestellt werden können. Sie dienen der Unterdrückung des Schmerzes und können ein angenehmes Körpergefühl bewirken. Viele Jogger finden darin ihre Befriedigung. Aber nicht alle Menschen können den Mechanismus der Endorphinfreisetzung durch Lauftraining gleich stark aktivieren. Das Glück des Leichtathleten beim Langstreckenlauf ist nur eine der verschiedenen Formen des Glücks, für die es sehr unterschiedliche individuelle Bereitschaften gibt. Das Dopamin ist ein weiterer Überträgerstoff, der auch eine andere Form von Glück mit sich bringt. Es wird eher beim Glücksspiel freigesetzt und kann zu suchtähnlichem Verhalten führen. Für das Liebesglück spielt das Oxytozin eine besondere Rolle, das in der Schwangerschaft auch für die Auslösung von Wehen verantwortlich ist. Vielleicht ist Liebe auch so etwas wie ein ständiges Bereitsein, etwas anderes zur

Welt kommen zu lassen, einem anderen Leben zu schenken.

Nach verstärkter Ausschüttung von Botenstoffen können die Rezeptormembranen für die Wahrnehmung dieser Botenstoffe an den Nervenzellen so vermehrt werden, daß auch die vermehrte Zahl der Botenstoffe nicht ausreicht, alle Rezeptoren zu aktivieren. Dem entspricht die Erfahrung, daß sich Glück erschöpfen kann. Auf dieses Erlebnis kann man mit dem Versuch reagieren, die Ausschüttung der Botenstoffe noch weiter zu steigern. Doch dann geschieht wiederum dieses, daß die Zahl der Rezeptoren vermehrt wird und die Wirkung der Botenstoffe unzureichend ist. In solch einer Situation muß der Mensch entscheiden, ob er durch weitere Steigerung der Botenstoffaktivierung (Jogging, Spielsucht, Liebessucht usw.) in das fortdauernde Spiel des Nichtausreichens der Botenstoffe für die Rezeptoren hineingeraten will oder ob er eine gewisse Gelassenheit walten lassen will, die zu einer Verminderung der Rezeptorenzahl und von daher von sich aus zu einer Stärkung der Botenstoffeffekte, allerdings erst nach einer gewissen Zeit, führen würde. Dieses Aushalten, dieses Ausbalancieren und diese Gelassenheit als aktiver Vorgang sind nun selber von der Aktivität eines Transmitters begleitet, der nicht ganz ohne Glück ist, nämlich dem Serotonin, das im Stirnhirn für das Ausbalancieren der verschiedenen Glücks- und Unglückssysteme von großer Bedeutung ist. Läßt man sich auf die Aktivität dieses Systems ein, so wird man zumindest nicht so leicht von der Depression überrascht werden.

Bei der Frage nach dem Glück darf man die Frage nach dem Ich nicht vergessen. Das Ich ist keine Konstante, sondern konstituiert sich auch gerade im Verhältnis zu Glück und Unglück. Leibniz war der Ansicht, daß wir über die Zeit deswegen mit uns identisch bleiben würden und müßten, weil Strafe uns sonst nicht erreichen könnte. Ich glaube, man muß den Sachverhalt etwas anders aufgliedern. In vielen Fällen bestrafen wir uns im Leben selber, nicht einfach dadurch, daß wir in schmerzhafte Verhältnisse geraten, sondern dadurch, daß unser Ich – möglicherweise zu stark am unmittelbaren Glück orientiert – sich in diesem Verhältnis konstituiert und neu situiert. Auf der Suche nach der Steigerung und nach neuem Glück formieren sich die Strukturen des Ich neuartig. Es gewinnt neue Zielsetzungen und verwirft alte. Die Bestrafung liegt dann nicht selten darin, daß das Ich mit sich selber ins Gericht geht und all das, was es bisher für wertvoll und erstrebenswert gehalten hatte, nun ablehnt und auf diese Weise oft Jahre seines eigenen Weges bedauert. Nicht selten entwirft es damit sein eigenes Unglück, nicht durch die Thematisierung des Unglücks, sondern durch die Neusituierung seiner selbst in einer gleichsam unvermeidbaren Geste bei dem Erstreben neuen Glücks.

Das Verhältnis von Ich und Gehirn ist also nicht so zu denken, daß wir aus der Sicht der Hirnforschung darüber überrascht sein müßten, daß das Ich im nachhinein zu den Hirnprozessen sozusagen erst an zweiter Stelle zu Wort kommt. Viel einschneidender ist auch die Einsicht, daß das Ich im Zusammenspiel mit den von ihm durchaus gewollten Prozessen – denen auch Hirnfunktionen entsprechen – zu einer Neusituierung und Neustrukturierung seiner selbst gelangen kann.

Auch an dieser Stelle möchte ich das Prinzip der «Identität» von Gewinn und Verlust ins Spiel bringen: Nicht nur auf das Glück abzuzielen schenkt dem Menschen zusätzliches Bewußtsein, und die eher mit dem Schmerz in Beziehung stehenden Neuronen stehen ihm dann zur Verfügung.

«Ich bin glücklich!» – ein gefährlicher Satz. Die Frage ist dann nämlich, ob die Neuronen, welche die Performanz dieses Satzes tragen, auch zum Kreis des Glückes gehören. Früher wollte man solche Probleme durch eine typentheoretische Gliederung des Leib-Seele-Problems vermeiden. Es war der Geist, der über dem Leibe stand und von seinem Glück reden konnte, ohne sich in Schleifen zu verfangen. Das Übersichtlichste war es dann sogar, dem Leib das Glück zuzuschreiben und selber als Genießender darüber zu schweben oder dahinter oder davor stehend ihn zu betrachten (oder diese Trennung als «Selbstgenuß» zu feiern). Heute läßt man den Geist wohl aus dem Leib, nicht aber aus dem von einem harten Schädelgehäuse umgebenen Gehirn heraus. Sagt er, er sei glücklich, so muß er sich auch fragen lassen, oder sich selber fragen, ob dieses System des Sich-selbst-Verstellens denn auch glücklich sei. Diese Frage aber nun kann tödlich sein, zumindest wenn sie weiter fortgeführt wird und in das Unglück des infiniten Rekurses gerät: «Ich könnte platzen vor Glück!» lautet dann die Formulierung des durch rekursive Prozesse bis zur kritischen Hitze angereicherten Systems. Besser scheint es dann, gar keine Antworten zu geben auf die Frage, ob man glücklich sei, auch sich selber nicht. In dieser Unentschiedenheit, der Lücke zwischen zwei Sätzen, kann sich das Glück einnisten, auch wenn es in der Gefahr steht, von der Rückkopplungsschleife erwürgt zu werden.

Sollte man, um glücklich zu werden, vielleicht sogar auf Glückstheorien verzichten? Sind diese es, die uns das Glück zerstören können? Natürlich kann dies passieren, wenn man an eine Glückstheorie gerät, die nicht zum eigenen Leben paßt, oder eine Spannung zwischen sich selber und unserem Leben aufbaut, die uns nicht «gut» tut. Wichtiger aber noch scheint nun, daß Glückstheorien durch die Explikation des ansonsten Impliziten alles Glück an sich saugen wollen, und in der Aussage «Ich bin glücklich» kann dann instantan in einem Glucksen alles Glück verschwinden. Also nicht nur, wenn eine Glückstheorie unpassend, ungeeignet, gleichsam «unwahr» erscheint, kann sie das Glück zu Tode quälen, sondern auch dann, wenn sie mit ausgebreiteten Armen lichtvoll daherschreitet, kann sie, wenn man sich ihr ganz an die Brust wirft, uns erdrücken, weil sie vielleicht nicht um unsere Zartheit weiß. Es scheint daher empfehlenswert, bei der Gödelschen Unentscheidbarkeit zu verbleiben. Was im Rechnerischen gilt, gilt auch hier, es ist nicht immer auszumachen, wer wen in die Arme nimmt.

Gibt es ein Hans-im-Glück-Zentrum?

Die Hirnforschung sucht nach Zentren. Lange Zeit hat sie sogar nach einem Zentrum gesucht, daß die anderen Zentren steuert. In der Hirnforschung hat sich also ein Versuch gezeigt, typentheoretisch zu arbeiten: Eine Ebene steuert die anderen.

Im Tierexperiment wurde dabei Glück zumeist als etwas bestimmt, das dann vorliegen müßte, wenn das «Versuchssystem» selber an der Herbeiführung der entsprechenden Zustände interessiert ist. Einen kleinen Nietzsche, der ausriefe «Was liegt mit am Glücke!», hat man unter den Mäusen nicht vermutet. Unter diesen experimentellen Voraussetzungen könnte man in den medialen Strukturen des Limbischen Systems, u. a im Septum pelluzidum, Zentren ausmachen, an deren Reizung die Versuchstiere selber interessiert waren und sie stets auch durch Hebeldruck selber hervorriefen. Natürlich ist es denkbar, daß sie ein Zentrum aktiviert hatten, welches das Konzept «Ich möchte den Hebel drücken, der den Wunsch, einen Hebel zu drücken, hervorruft» dabei stimuliert hat. Aber nein, wir wollen Glück auf dieser Welt natürlich zumindest in den kleinen Mäusen vermuten, die wir zu Hause schon immer in den kleinen Käfigen gehalten haben. An den Ratten, die keine Ratten mehr sind, sondern Versuchstiere, hatten wir bereits abgelesen, daß unser Schulsystem am besten die Form eines Labyrinths annehmen sollte, wenn wir ein lerntheoretisch fundiertes Lernen erlernen wollen. Nun schauen wir uns das Glück von den in die Glücksspirale des Hebeldrückens geratenen Nagetieren ab. Aber wer weiß denn, ob wir uns vielleicht nicht nur das Mäusenirwana abgucken, in das diese Tiere in buddhistischer Versenkung geraten sind, und wir in unserem Eurozentrismus gehen davon aus, daß die ewige Wiederkehr des Gleichen positivistisch nur im Glück liegen könne. Meiner Meinung nach fehlt es noch an einer Prüfung der Religionszugehörigkeit der Mäuse, bevor sie in ein so grundlegendes Experiment hineingeführt werden.

Da die Prüfung der Glaubensorientierung bei Nagetieren aus wissenschaftlichen Gründen zurückgewiesen werden wird, kann man nur feststellen, daß die Experimente einen Religionsvorbehalt enthalten, der ein Bias für säkularisierte positivistische Glücksmodelle darstellt. Da Glück aber auch zum Teil von der Metatheorie des Glücks, ja auch von zugehörigen kognitiven Dispositionen abhängt, scheint in einer labyrinthär konzipierten Gesellschaft die konsequente Übertragung des Mäuseglücks auf die kognitiven Dispositionen einer derartigen Gesellschaft angemessen zu sein. Es bleibt die Frage nach dem Zentrum für die Gelassenheit gegenüber den verschiedenen Glückstheorien, einer Gelassenheit, die, da sie nicht das Glück mit 29 Fingern packen will, dieses vielleicht einmal durch die Frühlingszweige durchbrechen sieht. Die Frage ergibt sich, ob Hans im Glück, der seinen Goldklumpen für eine Kuh, die Kuh für ein Schwein, das Schwein für eine Gans usw. verkauft und am Ende gar nichts hat, ein ausgezeichnetes Funktionszentrum im Gehirn besaß, das diese Gelassenheit ermöglichte.

Oft wird Hans im Glück aus der Perspektive der Innerlichkeit gelesen, als ob das Glück innen und außen nur die Wechselfälle vorhanden seien. Man könnte versuchen, so zu lesen, daß es auch über innen und außen gelassen hinwegpfeift. Deutlicher scheinen mir solche Gedanken jedoch in einer metaphorischen Weiterbenutzung der Gödelschen Theorie der Unvereinbarkeit von Vollständigkeit und Entscheidbarkeit von Aussagesystemen entwickelbar zu sein. Entscheiden und Nicht-Entscheiden, je nach Situation, ohne einen Bereich jenseits von Entscheidung und Nicht-Entscheidung aufmachen zu wollen, scheinen das zu sein, was unsere Willensanstrengungen auf eine glückliche Weise herausfordern.

Der letzte Mensch blinzelt

Der letzte Mensch blinzelt in seinem Glücke. Er schießt nicht mehr den Pfeil der Sehnsucht ab. Dies ist eine erstaunliche Äußerung Nietzsches. Warum blinzelt der letzte Mensch? Weil er alles in der Helle des Mittags, der gleißenden Sonne, in seiner Vernunft erfaßt hat und nun den Blick zurücknehmen, kurz unterbrechen muß, kurze Dunkelheiten selber erzeugen muß und damit zum Konstrukteur der verfügbaren Kurznacht des Augenschlusses geworden ist. Das beginnende Licht der Aufklärung in der vollendeten Herrlichkeit der Neuheit braucht nicht mehr den großen Blick, denn es konstruiert die Welt inklusive derer Nachtzeiten selber, die Vernunft setzt sich nicht dem Schmerz aus, sondern versteht sich vom Sehen, vom Licht her und ist auch Herrscher über die Nacht geworden. Die Liebe, welche sich in die Wasserscheide von Tod und Nacht wirft, beides spaltet oder zusammenfügt, zeigt unter der gleißenden Sonne darniederlegend nur noch ihren entblößten Rükken. Der Blick ist allmächtiger geworden, er kann sich aus-

113

suchen, was er sehen will. Das andere gibt es gar nicht mehr. Es kann weggeblinzelt werden. Blinzeln, das weiß die Physiologie, ist Ausdruck eines erhöhten Aktivierungszustandes des Hirnstammes. Die Erregung des Menschen ist ohnegleichen. Aber der Blick wird nur noch durch das Blinzeln und nicht mehr durch die Träne getrübt. Warum dieses Bild der Stakkatowahrnehmung für den letzten Menschen? Sucht er nur noch Momente? Ist er der Rhythmizität ausgeliefert? Der Synchronisation der Zeit, dieser letzten Hoffnung der Einheit, die im Raume sich nicht mehr zu verwirklichen schien? Vielleicht sollten wir das Glück nicht vom Visuellen her überstrapazieren, die Physiologie der anderen Sinne gewahren und in einer Art Meta-Gödel zwischen Entscheidbarkeit und Unentscheidbarkeit das uns Gemäße tun.

Der Walfisch und die Metaphysik des Neuen

Die Metaphysik thematisiert nicht nur die Identität, sie will selber auch identisch bleiben. Das neue Zeitalter, die Neuzeit, war jedoch nicht aufzuhalten. Es war die Zeit des Neuen selber. In der Neuzeit, der Zeit des Neuen, herrscht der Versuch, neue Epochen zu konstituieren. Da die Neuzeit die Zeit des Neuen ist, werden immer wieder neue Zeiten ausgerufen. Doch wie geschieht das Neue? Im 19. und 20. Jahrhundert wurde behauptet, neue Zeiten würden geboren. Das ist eine sehr fragliche Metapher. Die Vergangenheit versuchte, sich höchstens zu klonen oder wie ein Computervirus fortzupflanzen (zurückhaltender spricht man heute von Memen, d. h. von Gedächtnis- bzw. Gedankenoder Informationsinhalten, die ein Individuum nach dem anderen erfassen). Die Nachfolgenden versuchen bisweilen, sich rebellisch aufzuführen (die Rebellion des Klons?). So ohne weiteres gelingt es nicht, und die Gesellschaft hat dafür das Bild der nicht gelingenden Abnabelung. Aus der

Gynäkologie sind Fälle einer über Jahrzehnte erhaltenen Nabelschnur allerdings nicht bekannt. Mir scheint, daß die Metapher des Gebärens für das Ablösen von Kulturepochen ohnehin unzureichend ist. Das Neue, das jedoch nicht nur eine veränderte Fermentierung des Vorhergehenden ist, sondern auf Gesetze zielt, wird nicht geboren, sondern erbrochen. Das, was die Gesellschaft nicht verdauen kann, gibt sie von sich. Der Walfisch, der auf Tintenfische spezialisiert ist, erbricht, wenn er den Menschen zu verdauen sucht, eine neue Zeit. An dieses Bild reicht die Metaphysik nicht heran.

Mit dem Satz, man solle keinen neuen Wein in alte Schläuche füllen, begann ein unvergleichlicher Siegeszug des Neuen. Das Christentum trennte sich mit diesem Satz vom Judentum und setzte damit eine Dynamik in Gang, deren Folgen kaum übersehbar sind. Läßt man diesen Satz zur Entfaltung kommen, zu einer Art Regel werden, dann wird, wenn dem nicht Korrekturen entgegengesetzt werden, immer Neues geboren werden, bis sich vielleicht einmal jemand fragt: immer nur Neues, warum nicht einmal etwas anderes?

Heute ist man kritisch geworden gegenüber den Einwegflaschen und Einwegprodukten. Man muß schließlich zu viele neue produzieren, und zuviel Neues verträgt die Welt nicht. Also bedient man sich des Rückhol- und Mehrwegsystems und zieht den Wein, für eine Weile zumindest, auch auf Pfandflaschen. Lange Zeit, im Mittelalter zum Beispiel, gehörte es zur Ehre eines Denkers, seine Gedanken soweit als möglich in den auf ihn überkommenen Text einzubinden und einzufügen, also immer wieder die gleichen Schläuche zu benutzen. Der Bruch mit dem Alten ist eine tiefgreifende Tat, die Feindschaften in die Welt setzen kann.

Zumeist wird das Neue auch gar nicht verstanden, wenn man es nicht mit dem Alten in Beziehung setzt. Zwei Drittel von dem, was ein Schriftsteller schreibt, müssen bekannt sein, sonst wird er gar nicht rezipiert. Aber das Neue hat ein schreckliches Gesicht, es tritt auf als das Andersartige, das wir deswegen zunächst abzuweisen versuchen.

Ich will hier nicht die Wahrheit von Religion thematisieren oder so tun, als ob es eine Plattform für uns gäbe, von der aus sie abschließend beurteilt werden könnte. Ich möchte jedoch die Aufmerksamkeit darauf lenken, daß das Neue Testament ein Plädoyer für das Neue beinhaltet und damit zum Quell für Emotionen und Erneuerungen wurde, so daß daraus werden konnte, was am Ende den Geist in den letzten Jahrhunderten plagte, wie gesagt, zuvor war die ständige Überbietung des Neuen durch Neues über ein paar Jahrhunderte festgeschrieben worden.

Die Festschreibung des Neuen geschah mit den Mitteln der griechischen Metaphysik, die zur Strukturierung des Christentums herangezogen wurde. Mit deren Hilfe konnte das Neue in einer ganz bestimmten Phase der Geistes- und Menschheitsgeschichte gleichsam tiefgefroren werden. Metaphysik geht auf das Dauerhafte. Sie mag nicht den Wandel. Sie erlebt die Unsterblichkeit als eine Zukunft, die wir uns schon in der Fülle ausmalen können. Für das Unerwartete fehlen ihr die Nerven. Der Kairos, der Gott der Gelegenheit, war ihr zu plötzlich. Die Gelegenheit und damit wohl auch der überraschende Eros verwirrten sie. Die Metaphysik plant lieber. Sie hat eine bestimmte Phase der Menschheitsgeschichte strukturiert und versucht, weiter zu strukturieren. Und an die Stelle des zerfallenden menschlichen Körpers setzt der von ihr ausgehende wissenschaftliche Impetus mehr und mehr stabilere Systeme, als dies biologische sind. Zunächst wurde in den mittelalterlichen Skriptorien immer wieder die Wiederholung der Abschrift gesucht, heute versucht man nun Neues einzuschreiben in den als Schriftzug verstandenen Körper, in dem Bemühen, den Code für das Alte umzutexten. Gentechnologie als neue Schrift.

Die Antike und das Mittelalter hatten für das Neue keine eigene Kategorie und auch keine transzendentale Bestimmung der Gegenstände, d. h. also keine richtige vorhergehende Transzendentalie, parat. Das, was in der Welt vorkam, wurde danach bestimmt, daß es ein Ding, eine Sache und überhaupt etwas war, und danach, daß es gut und schön war. Dazu gehörte vor allem, daß es Eines war. Von all diesen Bestimmungen nahm man an, daß sie ineinander umgewandelt werden konnten, d. h., was gut war, war auch überhaupt ein Seiendes, und was gut war, war auch schön. Leibniz machte darauf aufmerksam, daß sich hinter der Bestimmung des Etwas auch die Neuheit verbergen könnte. Mit den Transzendentalien von gut und schön wurde dies zumeist beiseite gedrückt.

Heute muß man sich übrigens fragen, ob das Neue nicht als eigene Transzendentalie, als Grundbestimmung unseres Denkens und Erlebens neu oder ganz in den Vordergrund treten müßte. In dem Bereich der Kunst ist dies schon längst Selbstverständlichkeit geworden. Nicht Schönheit, Wahrheit und Gutheit, nicht der ästhetische Reiz, die originalgetreue Wiedergabe des Abgebildeten oder der moralische Impuls zählen, sondern die Neuigkeit und der Neuigkeitseffekt stehen deutlich im Vordergrund.

«Frappez les bourgeois!», die Bürger aufschrecken, das geht nun einmal am besten mit etwas Neuem und war lange Zeit das Motto in der Kunst. Irgendwann kommen solche Prinzipien natürlich an ein Ende, und das «Frappez les artistes!», d. h. der Versuch, die Künstler selber zu erschrecken, erschöpft sich auch irgendwann. Das Alte mag für einen Moment mal Neues sein, verschwindet aber in der Kombinatorik der bestimmenden Elemente, die aber mal neu, mal alt in unterschiedlichem Maße in das Bewußtsein des Geistes und der Zeit treten. Ich glaube, daß wir uns in einer neuen Phase der Geschichte befinden, in einer Neuzeit, in der «Neuzeit» nicht einfach eine neue Zeit ist, sondern vor allem die Zeit des Neuen geworden ist: Neuzeit der Zeit – Neuheit. «Was gibt es Neues?» war zwar schon immer eine der zweithäufigsten Begrüßungsformen der Menschen, aber in diesem Maße, wie sich zur Zeit das Neue bei der Ordnung der Welt in den Vordergrund drängt, hat man es noch nicht erlebt. Selbst die Zeit ordnet sich dem Neuen unter, denn die jungen Menschen, soll ich sagen, die «neuen Menschen», haben Angst, das Neue nicht mitzubekommen oder bei einer Neuigkeit nicht dabeizusein. Zeit ist zweitrangig, Hauptsache, es geschieht etwas Neues.

Man gewinnt den Eindruck, daß das Neue zu einer Transzendentalie wird, die alle anderen Tranzendentalien verschlingt. Sollen wir deswegen überhaupt noch von Grundbestimmungen des Geistes, also von Transzendentalien, sprechen? Sind die Grundbestimmungen des Geistes nicht schon längst vom Neuen derart verschlungen, daß jegliches a priori, jegliches Vorherwissen, jegliches Hereintragen von Konzepten an die Zukunft nicht selber vom Neuen aufgesogen wird, so daß wir z. B. nicht einfach sagen können, daß die Medizin unsere Körper dauerhafter zu machen versucht, sondern eher neu schafft? Also kein längeres Leben, sondern ein «neues Leben»? Handelt es sich also um Unsterblichkeit im Neuen oder nur immer um neue Sterblichkeit?

Es ist die Frage, ob hier überhaupt noch so etwas wie eine kritische Vernunft dauerhafte Ecken und Kanten bekommen kann. Schauen wir in die Illustrierten, so spielen sie z. B. in der Medientechnologie mit dem Schrecken des Neuen und zugleich mit der Hoffnung auf Besserung des Alten, auf Besserung des vergänglichen Körpers. Der Schrecken ist es ja gerade, der die Verwirklichung des Neuen vorbereitet, der unsere Aufmerksamkeitssysteme aktiviert, damit sie den unersättlichen Appetit auf das Neue mit dem Alten verbinden können. Das Wort Kritik kommt von *krinein, Entscheiden*, und bedeutet eigentlich eine Scheidung. Mit unseren zwei Hirnhälften sind wir Menschen allerdings so angelegt, daß wir oft beide Wege zugleich gehen. Die Verneinung wird dann zum Begleitostinato der Bejahung.

Die neue Lust greift um sich, in den Begriffen der Hirnforschung wäre es der Hippocampus, das Seepferdchen, also die Struktur im Gehirn, die für die Exploration der Umwelt, für die Erkundung des Neuen verantwortlich ist. Man bekommt den Eindruck, daß der neuen Lust bisweilen sogar Triebsysteme untergeordnet werden. Selbst das Sexualverhalten kann zeitweilig unter das Diktat der Neuigkeitssuche und Neuigkeitsmaschinerie geraten.

Jetzt wird es Zeit für eine neue These, die ich auch gleich aufstellen möchte. Der Mensch ist im Begriff, ein neues Gehirn zu entwickeln. Dies geschieht nicht einfach dadurch, daß er ständig mit Neuem konfrontiert wird, sondern auch dadurch, daß die Kombination von Altem auf neue Weise erfolgt. Zumeist konzentrieren wir uns heute nicht nur auf ein isoliertes Sinnessystem, auf Schrift oder Bild, sondern sind der Sprache und Visualität zugleich ausgesetzt. Das Gehirn muß, z. B. beim Fernsehen, Bild und Wort zugleich verarbeiten und kann sich nicht so ohne weiteres auf nur einen Informationskanal ausrichten. Dabei wird der klassische Dualismus von Bild und Wort, wie er auch in der Dualität der Hirnhälften aufzuscheinen schien, glattweg durchkreuzt. Bei neuropsychologischen Untersuchungen konnten wir feststellen, daß unser Gehirn dazu neigt, nicht ständig das Zentrum der Aktivität zu wechseln. Das kann dazu führen, daß ein Bild aktuell auch einmal mit dem gerade aktivierten Sprachzentrum ausgewertet wird, ohne die Bildanalysezentren im üblichen Maße beizuziehen. Das Gehirn entwickelt sich zu einem Organ, das auf alles gefaßt ist, dabei im tieferen Sinne aber vielleicht gar nicht mehr überrascht werden kann, weil es nur noch auf Überraschung eingestellt ist. Die Werbetexter haben damit ihre Probleme. Wir wissen schon, wenn es zu einer besonders überraschenden Bildfolge oder Text-Bild-Zuordnung im

Fernsehen kommt, dann kann es nur Werbung sein. Die Kategorie der Überraschung oder Transzendentalie der Überraschung wird zwar immer noch mit dem plötzlichen Blumenstraußgeschenk vor der Haustür assoziiert, gerät durch das Fernsehen aber schon erheblich in die Kategorie des «ach, das ist ja Werbung, da kann ich ja abschalten». Die Werbung, ursprünglich Brautwerbung, hat die Möglichkeiten der «Brautwerbung» selber verändert.

Wird einmal etwas anderes kommen als das Neue? Können sich Visionen des Neuen erschöpfen? Wird das Neue zu einem neuen Stand kommen? Oder wird in der Ablehnung aller Fundamentalismen die Bewegung selber zu einer Art Ruhepunkt der Weltanschauung werden, von dem aus sich das Dauernde am besten anschauen ließe? Die Hirnforschung sieht in solchen Überlegungen nicht einfach tödliche Paradoxien, in denen der Geist, sich selbst spiegelnd, verenden müßte. Die Aufgliederung der visuellen Zentren in Zentren für Form-, Farbe- und Bewegungswahrnehmung, und deren ausgeklügelte Verbindungsarchitektur lassen es durchaus plausibel erscheinen, daß das Paradox eines Geistes, der sich in der Bewegung ausruht, nicht als Formfehler geahndet und beiseite geschoben werden müßte. Geist muß schließlich nicht die narzißtische Struktur der Verdoppelung aufweisen in dem Sinne, daß der Ruhepunkt selber ruhig sein müßte. In der Bewegung des Geistes in der Geschichte, von der Götzenverehrung über das Verbot der Statuendarstellung und über das «Verbot» und die Vernichtung der Leinwand in der modernen Malerei, kommt die Bewegung zu einer Selbstdarstellung in der bewegten, kinetischen Kunst selber und deutet an, daß wir in eine neue Phase der Bewegtheit getreten sind: «Meta-Bewegtheit».

Kulturen, in denen es verboten ist, Abbildungen vom Menschen zu machen, haben keine Schwierigkeiten, die bewegten Bilder des Fernsehens täglich zu konsumieren. Auch hier zeigt sich, daß vom Statuenverbot über das Bilderverbot hinaus ein neuer Raum, ein Bewegungsraum, erfunden wird. Wird es auch einmal ein Bewegungsverbot geben? Eine wohl zu weit gehende Frage. Zur Zeit jedoch spricht vieles dafür, daß die Liste der Archetypen, wie sie Carl Gustav Jung in seiner Sammlung von Urbildern der Seele geführt hat, bald durch Bilder der Bewegung ergänzt werden könnte. Vielleicht haben wir noch nicht genug Aufmerksamkeit darauf gerichtet, daß es gewisse Szenen sind, die unser Geistesleben mehr und mehr beherrschen. Szenen bestimmter Bewegungen, die Mimik des Nachrichtensprechers, der Schritt des Talkmasters zum Pult, die im Zeitraffer gezeigten Kumuluswolken in naturkundlichen Filmen. Erinnern wir uns: Im Stillstand an einer Quelle kam Narziß ums Leben, im Lauf drohte ihm keine Gefahr. Fallen die neuen Medien auch in den Stillstand unseres Festhaltewillens zurück?

Eine Metaphysik der Bewegung und des Neuen kann nicht so verstanden werden, daß nun das Neue in das Alte zurückgeholt werden könnte und sollte. Die Fähigkeit, mit dem Neuen umzugehen, ist die Fähigkeit, sich auf Andersartigkeit, auf das Andere einzulassen, was nicht bedeutet, daß er oder sie in die Selbigkeit des Alten oder meines Eigentums zurückgeholt werden müßten. Zukunft muß nicht das Schon-Dagewesene sein, wir sollten uns auf das Neue vorbereiten. Sie merken, ich spreche im alten Diskurs des Moralischen. Sollte man noch etwas? Ja, ich meine schon, bei dem stets Neuen, das sich ergibt und das nicht kategorial oder transzendental von unserem alten Geist von vornherein geplant, fundamentiert und festgezurrt werden kann, sollten wir darauf achten, ob es sich auch um etwas Gerechtes handelt, ob bei der Neuverteilung der Dinge in der Schöpfung nicht das Maß der Gerechtigkeit durchbrochen wird und das Neue alles auf sich zieht, was einmal dem Guten, Wahren oder Schönen zukommen sollte. Dies können wir immer nur von Fall zu Fall tun, dann jedoch ist es aber doch stets etwas

Neues. Alles als nach dem Neuigkeitswert und -gehalt zu bestimmen könnte aber selber dogmatisch werden. Es könnte passieren, daß Menschen, weil sie nicht «neu» sind, aus dem Neuigkeitsinteressemechanismus für uns herausfallen. Vielleicht sollten wir uns auch mal mit dem vermeintlich Alten, dem schon Abgeurteilten befassen, sonst könnten wir das wirklich Neue der Andersartigkeit verpassen.

Das Ich, das Neue und die Menschenrechte

Das Ich und das Neue

Eigentlich dürfte es kein Problem sein, zu identifizieren, was ein Mensch ist. Im Zweifelsfall für den Angeklagten, im Falle der Menschenrechte sollte erst recht diese Regel benutzt werden. Doch die Technologien schreiten fort, und wir nehmen auf Zweifelsfälle keine Rücksicht. Man hat sich nicht entschlossen, die Menschenrechte über die Technologie zu stellen und zu sagen, daß die Herstellung von Lebewesen, deren Artzugehörigkeit in Zweifel steht, schon in der Weiterentwicklung der dafür notwendigen Technologien unterbunden werden sollte. Also werden Fragen nach der Identifizierung des Menschen auftreten, und die Philosophien von vor 200 Jahren, aus denen die Menschenrechte dankenswerterweise entstanden sind, helfen uns allerdings nicht bei der Frage weiter, wer denn der Menschenrechte teilhaftig werden sollte, d. h., wer denn zur Spezies Mensch gehört. Diese Abgrenzungsfrage könnte ja überflüssig sein, wenn man Rechte im Überfluß verschenken möchte. Da dies nicht der Fall ist, ist die Zuordnungsfrage der Menschenrechte zum konkreten Lebewesen höchst bedeutsam. Das, was sich schon bei der Frage des Lebensbeginns und Lebensendes als problematisch erwies, wird erst recht bei der Frage der Gestaltung neuer Formen von Leben wichtig

sein. Die wichtige Erkämpfung der Menschenrechte mit
Hilfe der Konzepte von Ich und Subjektivität und Freiheit
bedarf, wenn man nicht den Weg der Ethik des Überschus-
ses gehen will, der naturwissenschaftlichen Deutung des
Menschen zu seiner «Identifizierung».

Dabei möchte ich vorsichtig sein mit der Entwicklung
von Menschenbildern und auf die Rechte und Gesetze setzen. Dabei heißt Menschenrechte zu beachten nicht unbedingt, einen bestimmten Entwicklungsstatus der Menschheit
festzuschreiben. Im Gegenteil, das Recht auf Fortentwicklung wurde jetzt bereits von der UNO in einem Zusatz-
artikel hervorgehoben. Diesem Horizont bietet sich dann
allerdings an, gerade die Fortentwicklung, das Neue als im
Menschen gesteigertes Prinzip anzusehen. Die Sicherung des
Menschen wäre, da er der Gestalter des Neuen ist, eine
Sicherung des Neuen. Die Entscheidung ginge also nicht um
Bewahrung oder Erneuerung, sondern darum, einen Erneue-
rungsmodus zu finden, der seine eigene Kraft nicht zerstört.

Damit wird für die ethische Diskussion eine völlig andersartige Opposition aufgemacht als die zwischen Bewahrung und Fortschritt, nämlich die von weniger sicherer und
die von stärker gesicherter Weiterentwicklung.

Die alten Ich-Theorien kann man in einer Theorie des
Neuen durchaus mit etwas anderer Rangordnung wieder-
finden. Gerade der Versuch, Einheit im Nervensystem herzustellen, kann die Abtrennung repräsentationaler Systeme
vom Gesamtgeschehen des Nervensystems im Gefolge haben und führt auch dadurch zur Gestaltung des Neuen. Wie
sich am Beispiel der Hirnforschung plausibel machen läßt,
nimmt sie dabei eine ganz besondere Rolle ein. Gerade
neuere Untersuchungen zum psychischen Trauma haben
gezeigt, daß seelische Traumen zu konkreten Hirnverände-
rungen (besonders im parahippocampalen Bereich) führen
können. Das Bewußtsein konzentriert sich auf solche Regionen und wird damit zum Ausdruck eines Reverbalisie-

rungs- und Homogenisierungsprozesses und auch Vereinheitlichungsprozesses im Nervensystem. Offenbar dient die Konzentrierung der Gesamtaktivität des Nervensystems – also die Fokussierung von Aufmerksamkeit und Bewußtsein auf den traumatischen Bereich – der adäquaten Reorganisation der gestörten Neuronen, die durch die Gesamtimpulsaktivität des Nervensystems angesteuert, eine sinnvolle, informationsgerechte Aussprossung ihrer Axone zur Wiedergewinnung neuer Kontakte ermöglichen. Bloßes irreguläres Auswachsen der Kontaktfasern könnte störend sein, die Konzentration des Bewußtseins auf die Neuinnervation dient der Einbindung der Prozesse in das Gesamt des Gehirns. Aufmerksamkeit auf das Trauma wäre demzufolge als Selbstnähversuch des gerissenen Netzwerks zu betrachten, in dem die Berücksichtigung aller «Maschen» das kreativste Muster gestattet.

Das Bewußtsein auf den traumatisierten Bereich zu lenken dürfte deshalb schmerzhaft sein, weil der Neuaussprossungsbereich nicht seinen eigenen Gesetzen gehorchen kann, sondern unter die Tätigkeit des gesamten Nervensystems in seiner Ausprägung gerät.

Man weiß es aus der Erforschung des Phantomschmerzes, daß bei Verlust eines Gliedes die Nachbarpartien des Körpers einer cortikalen Repräsentation aussprossen und daß diese Reizung offenbar ein wesentliches Moment an der Entstehung des Schmerzes ist. Schmerz wäre in diesem allgemeinen Sinne neuronal als Verschiebung von Einflußbereichen zu beschreiben. In diesem Sinne möchte ich für den psychischen Schmerz und für das psychische Trauma postulieren, daß der Durchgang durch den Schmerz auf lange Sicht die harmonischste Lösung für die Psyche darstellt. Diese These wird dann interessant, wenn man die Funktion des Ich selber als ein Korrelat der Leistung der gerade an Aussprossungsprozessen beteiligten Neuronen ansieht und man annimmt, daß die Aktivität des Ich gerade dann im

Hinblick auf das Nervensystem als harmonisch eingestuft werden muß, wenn sie u. U. sogar als schmerzhaft erfahren wird.

Möglicherweise läßt sich in einem derartigen Modell das Ich als etwas rekonstruieren, das dort im Nervensystem «zu Hause» ist, wo das Neueste und Unerwartetste stattfindet.

Ich spreche hier von Neuem und nicht von der Information, die in der Shannonschen Theorie lediglich für Übertragungskanäle definiert wurde. Im Gehirn des Menschen kann die Herstellung eines Bits, auf das Gesamt des Gehirns bezogen, wo es nicht um Übertragung, sondern um Umorganisation geht, ein extrem aufwendiger Vorgang sein, d. h., um ein Bit Information vom Gehirn abzugeben, könnte innerhalb des Gehirns ein Umorganisationsprozeß erforderlich gewesen sein, der außerordentlich viel Neues, Überraschendes erzeugt und sehr viel Energie verbraucht haben mag. Diese Prozesse der Erzeugung des Neuen können mangels definierter Sender-/Empfänger-Konstellation im Gehirn eher mit einem universellen und informationstheoretischen Ansatz gedeutet werden, in dem Information als Umstrukturierung und damit letztlich als Bewegung gedeutet wird. Damit wäre Information eine Physik der Bewegung und an die Energetik von Strukturen angebunden. In bezug auf das eigene Gehirn berechnet, kann ein kleiner Umdenkprozeß ein außerordentlich großer Informationsverarbeitungsprozeß sein.

Eine sinnvolle Rekonstruktion des Ich-Begriffes als Ort der Intensität des Neuen erscheint mir denkbar.

Die Rekonstruierbarkeit von Rede ist aber nicht das ausreichende Kriterium für die Würdigung einer Theorie des Neuen im Hinblick auf die Menschenrechte. Die Theorie des Neuen gestattet es vielmehr, eine angemessene Gewichtung der verschiedenen Momente der Menschenrechte vorzunehmen. Ein wichtiger Ausdruck des Neuen ist der Drang des Menschen, es auch darzustellen, und damit das wichtige Bedürfnis nach Redefreiheit und Freiheit der Meinungsäußerung. Sieht man das Neue jedoch im größeren naturwissenschaftlichen Zusammenhang der Tätigkeit des Organismus, so wird deutlich, daß Informationsverarbeitung zugleich mit der Energieverarbeitung verbunden ist. Ich glaube, es kann nicht schaden, zu sehen, daß Informationsverarbeitung beim Menschen ein Vorgang ist, der Getreide verbraucht.

Wo sollen wir nun den Menschen einordnen zwischen Stein, Pflanze, Tier und Engel, nachdem die Molekularbiologie zeigt, wie Stein, Pflanze und Tier in feinen Staub aufgelöst und in neue Zusammensetzungen gebracht werden können? Mag sein, daß die Software-Engel es mit der Potenzierung und Sicherung der Regeln für das Neue zu tun haben. Mag sein, daß die Software-Programme selbst organisierend aus den Molekülkonstellationen heraus sich selber schreiben. Vielleicht ist es für die Weiterentwicklung der Komplexität der Molekülzusammenstellungen von Vorteil, Software-Programme zu benutzen, die auf Distanz zur Molekülebene des Menschen gehen. Die Computerprogramme beschreiben auch nicht die Hardware, auf der sie realisiert werden. Sollen wir also unsere Körper außer acht lassen? Ich glaube nicht. Die ersten Hinweise auf die innige Verknüpfung unserer Software mit den Körperprozessen mit dem dynamischen Umstrukturierungsprozeß in den Neuronen lassen es sinnvoll erscheinen, unsere Körperlichkeit mit in den Blick zu nehmen. Bei deren Beschreibung können wir sogar Entwicklungsgesetze finden, die als Metaphern und Bilder als Rezeptionsfläche für die Rechte und Gesetze des menschlichen Zusammenlebens geeignet sind, denn darauf scheint es vor allem anzukommen, daß, wenn sich alles ändert und wir auf neue Partner in der Evolution treffen werden, wir auf jeden Fall mit Anstand in die neue Welt treten.

Kant hatte die Gültigkeit des Sittengesetzes dadurch zu begründen versucht, daß er sagte, daß wir denjenigen anerkennen, der auch uns und das Sittengesetz anerkennt. Zum Schutz von Hirnverletzten und anderen, die aufgrund ihrer kognitiven und emotionalen Situation keinen ausgeprägten Bezug zum Sittengesetz aufweisen, scheint dies nicht sehr geeignet. Die Absicherung der Grenzen der Spezies scheint daher am ehesten Sicherheit für die Rechte der Menschen zu gewähren. In dem Maße, wie die Speziesgrenzen durch die neuen Biotechnologien relativiert werden, müßten wir die Rechte ausdehnen. Dies könnte teuer kommen und auch in der Politik zu Reflektionen über die finanzielle Einlösung des technologischen Fortschritts Anlaß geben. Aber die Rechte der Menschen gehen nun einmal vor. Der Mensch lebt von seinen Rechten.

In dieser Situation kann es nicht genügen, die Schuldigen immer woanders zu suchen. Es fehlt an einer Entwicklung des Rechtsbewußtseins und der Förderung der Einsicht, daß es mit unserem innersten Glück zusammengehört. Für Kant war nicht das Glück das Ziel des Menschen. Damit hatte er gleichsam auch eine neurophysiologische «Weisheit» erhascht, denn Glück läßt sich nicht als unmittelbares Ziel anstreben, sondern nur mehr oder weniger im Nebeneffekt erleben. Kant hatte als Ziel des menschlichen Lebens formuliert, daß es entscheidend sei, des Glückes würdig zu werden. Hier klingt sicherlich viel von Fortuna und dem Zufall an. Die Rede davon, des Glückes würdig zu werden, ist aber mehr. Sie ist auch kein bloßes Abstraktum, sondern gibt, wenn man das verdeutlichen will, den Gedanken wieder, den Roland Barthes in seine Sammlung «Fragmente einer Sprache der Liebe» aufgenommen hat. Es geht darum, eines Liebhabers würdig zu sein. Vielleicht, daß er, wenn wir seiner würdig werden, seine Weiblichkeit zeigt und bei uns Wohnstatt nimmt.

Freiheitsbegriff und Psychologie:
Forschung an Demenzkranken

Bisher hatte man den Freiheitsgedanken und den Fortschrittsgedanken der Aufklärung als ohne weiteres zusammenarbeitend empfunden. Die Autonomie des einzelnen, die zu einer Kultur der Selbstentfaltung entwickelt wurde, lief über weite Strecken in Konkordanz mit der Weiterentwicklung von Technologie und Wissen. Plötzlich scheinen diese beiden Verbündeten gegeneinander zu arbeiten. Die technologischen Möglichkeiten werden als Gefährdung der menschlichen Freiheit angesehen, und umgekehrt erscheint das politische Beharren auf der Freiheit des einzelnen plötzlich als Hemmnis für viele große Forschungsambitionen.

Das Dilemma ist nicht leicht zu lösen, denn die Ethik des Paternalismus und die Fürsorge für den Patienten ist in der Biomedizin gerade erst durch das ethische Prinzip der Autonomie des einzelnen abgelöst worden. Will man nun Pharmaforschung an Patienten durchführen, die sich nicht mehr autonom zu dieser Forschung entscheiden können, so stellt sich das Prinzip der Autonomie als Sperre für pharmakologische Forschungen dar. Dies gilt insbesondere für den großen Bereich der Altersdemenzen, der Alzheimerschen Erkrankung und des Abbaus der geistigen Funktionen. Therapeutischen Fortschritt, Autonomie und Ethik zugleich zu sichern scheint nicht einfach. Zur Abkehr von der Autonomieethik will sich so schnell keiner bekennen. Den Rechtfertigungsversuchen im Rahmen der Autonomieethik wiederum haftet jedoch etwas Gekünsteltes an. Oft werden die Argumentationsweisen wild durcheinandergemischt. So wird darauf hingewiesen, daß die Forschung an Alzheimer-Patienten auch ohne deren Einwilligung in deren Interesse sei, da sie doch den Patienten mit einer Alzheimerschen Krankheit, also ihrer eigenen Gruppe, zugute komme. Bei solch einer Argumentation handelt es sich um eine erhebliche Einschränkung des Autonomiekonzeptes, da ganz und gar nicht davon ausgegangen werden kann, daß ein Patient Einschränkungen seiner Freiheit eingehen möchte, damit spätere Generationen von Patienten mit derselben Krankheit einmal einen Vorteil davon haben. Denjenigen, die an dieser Stelle für ein Solidaritätsopfer der Kranken plädieren, muß gesagt werden, daß manch ein Patient sich sogar eher für die Erforschung der Krankheit eines Lebenspartners zur Verfügung stellen würde. Die freie Wahl zur Solidarität und ihren verschiedenen Formen wäre in einem solchen Stellvertretermodell eingeschränkt.

Auf einer anderen Argumentationslinie wird auf das geringe Ausmaß bestimmter Eingriffe (z. B. Blutentnahme) hingewiesen. Betrachtet man den Entwurf der Europäischen Kommission, dann fällt allerdings auf, daß die einzelnen Untersuchungen nur unzureichend spezifiziert sind und daß insbesondere keine explizite Stellungnahme zu denjenigen Untersuchungen vorliegt, die für die Forschung von besonderem Interesse sind, nämlich neurogenetische und pharmakologische Intervention. Aber auch wenn es sich tatsächlich um Eingriffe handelt, die beim einwilligungsfähigen Menschen von geringer Tragweite sind, muß man bedenken, daß das Ansetzen einer Spritze an der Vene der Ellenbeuge oder das Hineinschieben in die Untersuchungsröhre eines Kernspintomographen für einen dementen Alzheimer-Patienten ein Geschehen von höchster Irritationskraft, bedrohlicher Angst und erschreckend finsterer Nacht darstellen kann. Gerade wenn die Kognition nicht ausreicht, um über die Absichten des Eingriffes ausreichend informiert zu werden, drängt sich die Anmutungsqualität solcher Eingriffe in den Vordergrund und kann den Patienten, der auf die Mitteilungsebene des Vegetativen reduziert ist, in panischen Schrecken versetzen. Vielleicht besitzt er noch einen kognitiven Rest der Euthanasiedebatte in seinem Gedächtnis und wird mit der Intervention des Arztes, die zwar wohlgemeint ist, ein Szenario assoziieren.

Um dem entgegenzutreten, wurde vorgesehen, daß auf eine Weigerung des Patienten einzugehen ist. Dann fragt sich aber, ob Alzheimer-Patienten, die große Angst gegenüber Neuem aufweisen, einer Untersuchung überhaupt noch zugeführt werden können. Es ergibt sich das seltsame Paradox, daß man auf die freie Willensäußerung eines Patienten, der nach rechtlichen Kriterien keinen freien Willen mehr besitzt, zu achten hat. Kann es für eine derartige Interaktion noch Regeln geben? Oder noch praxisnäher gefragt: Darf man die häufig unter Beruhigungsmitteln stehenden Patienten, die also doppelt «entmündigt» sind, hier auf einem Schleichweg doch wieder als «einwilligend» deklarieren?

Manch einem mögen diese Differenzierungen angesichts des guten Willens der in der psychopharmakologischen Forschung Tätigen als überflüssige Spitzfindigkeiten erscheinen. Die Relativierung des Autonomiebegriffes stellt jedoch keine Spielerei dar, insbesondere wenn man bedenkt, daß argumentative Kurzschlüsse zwischen völlig verschiedenen Diskussionsströmungen plötzlich über uns hereinbrechen können, z. B. wenn die Einschränkung der Autonomie der Alzheimer-Patienten zum Zwecke einer Verbesserung der Therapie kurzgeschlossen wird mit der Euthanasiedebatte, in welcher ein unmündiges Leben oft als nicht mehr menschenwürdig und lebenswert angesehen wird.

Es sind die Metaebenen der Interferenz verschiedener Diskussionsstränge, die schwer zu regulieren sind, auf denen Katastrophen aber nur durch einen oft schmerzhaften Respekt vor den Begriffen verhindert werden können.

Sterbehilfe: Freiheit für welches Selbst?

Als ethischer Begriff ist der Freiheitsbegriff ein Zuschreibungsbegriff, der jemandem wohl zugerechnet werden, in
die Dimension der psychologischen Wirklichkeit aber nur
schwer übersetzt werden kann. Die Vielfalt seelischer, vege-
tativer und körperlicher Regungen darf sogar weggestrichen
sein, und man muß dennoch noch von Freiheit reden, wenn
die Freiheit nur benutzt wird, um das Prinzip der Freiheit
freizusetzen. Der Tod ist der absolute Gegner der Freiheit,
sagte Schiller. Und in einer Welt, in der die Freiheit des
Menschen nicht gleich zu verwirklichen ist, ist die Verführung groß, den Streit mit dem Tod aufzunehmen und
Freiheit nur noch im Freitod zur höchsten Gestalt, zum
spannendsten Thema werden zu lassen. Doch was setzt sich
durch, wenn der Freitod gewählt wird, welches Selbst geht
den juristischen Bund ein, wenn gegen die Instinkte des sich
aufbäumenden Körpers die Sterbehilfe im Testament festge-
legt werden soll, wenn das freie Bewußtsein gleichsam ein
Gelübde ablegt, gegen die Instinkte des überleben wollen-
den Körpers einen Vertrag zu schließen, der das Bewußtsein
ohne Kampf in die Nacht geleiten soll? Auch hier siegt
manchmal fast so etwas wie ein «Alien», ein Prinzip der
Autonomie, das sich instrumentalisieren läßt von der
Lebensmüdigkeit der in der Lebensmitte Stehenden gegen
den oft schicksaltragenden Lebenswillen unseres Körpers.
   Auch hier wird empfohlen, daß sich das Bewußte selbst
gegen das spätere Alzheimer-Selbst juristisch versichert und
diesem den Tod wünscht, auch wenn es, später auf vege-
tativ-emotionale Stereotypien reduziert (wie stereotyp ist
denn unser bewußtes Leben!), eher Angst als Sterbewillen
bekundet. Die Transzendentalphilosophie, welche den Begriff der Freiheit auszuformulieren unternahm und sich dabei gegen Psychologie und Biologie erwehrte, weist uns keinen Weg, mit den komplexen Regelungen unseres Selbst

umzugehen, welches eine Verwirklichung sucht, die mehr als die Realisation eines Prinzips ist.

Doch ehe dafür eine entsprechende Anthropologie und Psychologie formuliert sind, wird der Ruf nach staatlicher Suizidhilfe bei schwerer Krankheit («Sterbehilfe») weiter anschwellen und ungewollt dem nachlässigsten Selbst Ausdruck geben, das in dem tötenden Spritzenträger die letzte Deformation väterlichen Trostes sucht.

Wenn Freiheit sich nicht als Ermöglichung von Vielfalt, sondern in der Oppositionslogik zu Tod und Leiden versteht, dann ist mit einer Verarmung der individuellen und allgemeinen kulturellen Entwürfe zu rechnen und eine Koinzidenz generalisierender Euthanasiewünsche mit dem wirtschaftlichen Interesse der Elimination des Gebrechens zu erwarten. Freiheit, die in der Freiheit zum Tode ihre höchste Selbstbehauptung glücklich empfindet, wird die Formalisierung der stets vom Zufall durchtränkten menschlichen Interaktion vorantreiben und den Umgang mit Sterbenden zu einem notariellen Vorgang machen. Über Jahrzehnte galt es als selbstverständlich, daß Freiheit nicht delegiert werden kann. Nach dem neuen Betreuungsgesetz weist die juristische Literatur einen gleichsam kommentarlosen Schwenk auf, dem zufolge es als selbstverständlich angesehen wird, daß die Freiheit am besten vom Amtsrichter verwaltet wird, der die Formen des Sterbens aus der so schwer kalkulierbaren Arzt-Patient-Beziehung in einen juristischen Formalvorgang transferiert, bei dem doch wieder ein Mediziner, aber nicht der mit dem Patienten unmittelbar in Kontakt stehende, für die Rechtsfindung zu Rate gezogen werden soll. Nicht erst in der Technik, sondern bereits in unserer formalisierten Lebensform und in einer Ethik, die in ihrer Formelhaftigkeit auf Chips abrufbar wird, wird die Existenz des Automaten, des Cyborgs und der biotechnischen Hybridsysteme vorbereitet. Ethik ist nicht mehr eine Angelegenheit des gemeinsamen Lebens,

Sterbens und Leidens, deren Prinzipien aus unserer jeweiligen interaktionellen Lebenserfahrung extrahiert werden könnten und zu der daher jeder auch auf seine Weise beitragen könnte. Sie entwickelt sich vielmehr im Formalsystem des Managements mit den Prinzipien der Optimierung der Biosphäre nach Regeln wie einst die Strukturierung einer Fabrikanlage. Tod und Leben werden dabei neu verteilt.

Lifeboat-Ethik

Die Wohlstandsethiken der westlichen Welt sind in den letzten Jahrzehnten nur wenigen größeren Bewährungsproben ausgesetzt worden. Dennoch gibt es auch in der Gegenwart weithin praktizierte Beispiele von Lifeboat-Ethik, bei der das Leben eines Menschen geopfert werden darf, um das Weiterleben mehrerer anderer zu ermöglichen. Zunächst beschränkt sich diese Rettungsbootsituation auf den wohlabgeschirmten Uterus. Bei Mehrlingsschwangerschaften gehört es zur verfeinerten Technik, einen der Mehrlinge, zum Beispiel einen Vierling, die heute im Rahmen der In-vitro-Fertilisation wesentlich häufiger auftreten, zugunsten der anderen Mitbewohner der Gebärmutter zu töten, um auf diese Weise das Risiko eines Fehlverlaufes der Schwangerschaft zu mindern. Bei drohendem Spontanabort wird so durch die Tötung eines der Feten das Leben der anderen gerettet. Die Gebärmutter kann in solchen Fällen mit einem überfüllten Rettungsboot verglichen werden. Unsere bisherigen Ethiken verbieten es, einen Menschen als Mittel zum Zweck der Rettung anderer Menschen zu töten. Noch weniger kann es mit bisherigen Ethiken als vereinbar angesehen werden, technische Möglichkeiten, in diesem Falle die In-vitro-Fertilisation, einzusetzen, mit welcher wir eine derartige ethische Konfliktsituation überhaupt erst erzeugen. Eine derartige, bisher noch auf den Uterus beschränkte Praxis mag unter dem Motto «Wir sitzen doch alle in einem Boot» orientierend falsch für eine Ethik werden, in der zum besseren Überleben der Menschheit das Recht des einzelnen dann nicht mehr gilt. Dann könnte die Welt als Triage-Fall verstanden werden, in welchem gerade die Schwerstkranken die geringste Versorgung bekommen, damit man die Gesamtsituation im Auge behalten und sich auf jene konzentrieren kann, denen die besten Chancen zugesprochen werden. Von besonderem Interesse ist, daß der Gestus der Triage-Ethik hier gleichsam im Dunkel der dem möglichen Tod Geweihten geübt wird.

Es kommt darauf an, daß die Rechte des einzelnen auch unter den Bedingungen ökonomischer Schwierigkeiten gewahrt werden. Bisher war die Hoffnung der Aufklärung auf ethischen Fortschritt mit der Selbstverständlichkeit wirtschaftlichen Fortschritts verknüpft, der heute unsicher geworden ist. Der Begriff der Würde des Menschen jedoch sollte zum Ausdruck bringen, daß ein einzelner Mensch über wirtschaftliche Wertberechnungen erhaben ist. In diesem Sinne ist ein einzelnes Menschenleben unbezahlbar. Hört man heute in die amerikanische – und wohl bald auch bundesrepublikanische – Diskussion über Krankenhausbudgets hinein, dann bekommt man oft die Antwort, Würde sei unbezahlbar. Dann allerdings mit der Bedeutung, dies sei zu teuer und wir bräuchten hier mit dem Bezahlen erst gar nicht anzufangen.

In den bundesrepublikanischen Ethiken ist man jedoch auf die Abkoppelung der Berücksichtigung wirtschaftlicher Faktoren so trainiert, daß die Diskussion der Würde völlig getrennt von der Praxis der Krankenhausreform abläuft. Die Ethiker fürchten, Bewertungen des Menschen durchzuführen, was zur Folge hat, daß die wirtschaftlichen Kalkulationen der Medizintechnik ohne Kontakt mit jeglichem ethischen Diskurs ablaufen.

Es gibt Vorstellungen von Gerechtigkeit, denen zufolge jeder Mensch mit einer Gesellschaft zufrieden wäre – auch wenn er weniger Güter zur Verfügung gestellt bekäme als andere –, wenn nur sichergestellt wäre, daß seine Möglichkeiten, sich und andere zu ernähren und zu versorgen, besser sind als in einer Gesellschaft, die keine Differenzen zuläßt. Eine derartige «Verteilungsgerechtigkeit» muß vor dem Körper, der Gesundheit und dem Leben des einzelnen jedoch absoluten Halt machen. Die Menschenrechte besagen ja gerade, daß das Leben des einzelnen zu respektieren sei – und was hätte diese Formel noch für eine Bedeutung, wenn man mit ansehen würde, wie einige an Unterernährung sterben. Doch wie will man die gleichmäßige Sicherstellung des Gutes der Gesundheit gewährleisten, wenn sich Pharmaforschung bei seltenen Krankheiten, die keinen Umsatz über 200 Millionen versprechen, nicht rentiert? Müssen dann nicht staatliche Institutionen geschaffen werden, die sich um die Erforschung und Behandlung seltener, weniger rentabler Krankheiten kümmern, damit dem gleichen Recht auf Leben für alle Bürger Sorge getragen wird? Zur Zeit kann man eher eine gegenläufige Tendenz vermerken, die darauf hinausläuft, den Ethik- und Rechtsdiskurs abgekoppelt von der Wettbewerbssituation und ihren Mechanismen im Gesundheitswesen zu führen. Man kann dann weiter von den Rechten sprechen, wendet sie aber auf die wirtschaftlichen Mechanismen gar nicht erst an. Hier ist ein grundsätzliches Problem versteckt, das die Beziehung von Gesetz und Lebenswirklichkeit betrifft. Nur wenige werden Gesetz und höchste Rechte einer veränderten Lebenspraxis anpassen wollen. So aber kommt es dazu, daß es im Falle der Euthanasie Länder gibt, in denen Tötung zwar verboten ist, praktisch aber nicht strafverfolgt wird. Recht wird so zu einem gesellschaftlichen Selbstbestätigungsritual, zu einer Art Bilderverehrung ohne praktische Auswirkungen. Die andere Alternative, auf grundlegende ethische Prinzipien zu verzichten, weil sie ohnehin ständig durchbrochen werden, und im Gegenteil den bloßen Willen zur Macht und eine Biologie des Evolutionismus zum Prinzip erheben, hat ja schon einmal zu einer Katastrophe geführt. Sind wir dabei, in der Differenz zwischen Recht und Praxis eine Form der Entzügelung auszuprobieren?

Emanzipation vom Körper?

Menschenrechte, die keine Rechte des menschlichen Körpers sind, verfehlen den Menschen. Der Körper ist der Ort, an dem der Mensch seine Bedürfnisse gestillt und die Minimalbedingungen seiner Existenz gewahrt bekommen kann. Der englische Philosoph John Locke sah die Leiblichkeit des Menschen als einen ausgezeichneten Teil der Schöpfung in dem Sinne, daß der Mensch hier einen Teil der Schöpfung seinen Besitz und sein Eigentum nennen könne. Der Körper wurde somit zum Ausgangspunkt für Besitz- und Eigentumstheorien. Der moderne technische Umgang mit dem Körper wirft aber gerade für diese Besitztheorien einige neue Probleme auf. Ein eingepflanzter Herzschrittmacher gehört zum Körper des Patienten und darf einem Verstorbenen nicht ohne weiteres zur Weiterverwendung entnommen werden. Der Besitz des Körpers definiert sich also nicht einfach aus dem biologischen Substrat, sondern kann sich auch auf technische Systeme erstrecken. Umgekehrt gehört eine Gewebeprobe, die mir entnommen wurde, nicht zu meinem uneingeschränkten Besitz. In der industriellen Weiterverwertung, die in einigen Fällen in millionenfachem Gewinn resultiert, habe ich nicht ohne weiteres einen Rechtsanspruch. Was also ist der menschliche Körper noch, wenn er nicht mehr biologisch definiert ist, ja was ist der Mensch, wenn hiermit auch die Zuordnung zu einem biologischen System unsicher wird?

Selbst die neuen Definitionen von Leben und Tod können hierbei problematisch werden. Die Einführung technischer Systeme in das zentrale Nervensystem des Menschen betrifft nicht nur die Informationsverarbeitung, wie z. B. den Ersatz visueller und auditiver Wahrnehmungssysteme in ihrem Überträgeranteil (künstliche Netzhaut, Koppelung einer Videokamera mit den Sehzentren des Gehirns, künstliche Cochlea, Implantation von Hörsystemen in die Hörbahn des Stammhirns). Es ist heute möglich, Stimulationssysteme auch an die für Aufmerksamkeit und Bewußtsein relevanten Hirnstrukturen (u. a. Formatio reticularis, Limbisches System und andere) einzupflanzen, so daß auf diese Weise zum Beispiel bei Komapatienten Wachheit und Orientierung hervorgerufen werden können. Was aber ist es für ein Bewußtsein, das von technischen Impulsströmen getragen wird? Liegt hier nicht die Einbruchstelle, an der wir beginnen müssen, auch dem Computer Bewußtsein zuzuschreiben? Welche ethischen Konsequenzen ergeben sich für solche Patienten? Will man Systemen mit technischem Surrogat kein Bewußtsein zuschreiben, so könnte man sie ja auch als automatische Arbeiter oder Soldaten verwenden. Für Patienten im Koma ergeben sich ganz neue Entscheidungssituationen. Man denke an den berühmten amerikanischen Fall eines Mädchens, das im Koma liegend auf Antrag der Eltern mit Richterspruch vom Beatmungsgerät und damit von ihrem Leiden «erlöst» werden sollte. Die spätere Autopsie des Gehirns zeigte, daß die Hirnschädigungen gar nicht sehr groß waren. Würde man in solchen Fällen einen «Wachheits»-Stimulator implantieren (zur Zeit zumeist noch am Halsmark), so würde die in solchen Fällen bisweilen mit «erhöhter Temperatur» geführte Euthanasiediskussion plötzlich eine ganz andere Wende bekommen können. Wäre in solchen Fällen auf Sterbehilfe oder auch technische Hilfe bzw. gar Substitution menschlicher Funktionen zu plädieren?

Die vielfältigen Diskussionen um das klassische Leib-Seele-Problem finden in den neuen Technologien des Nervensystems eine pragmatische Entscheidung, die eher als funktionalistisch zu charakterisieren ist, d. h., der Mensch wird als ein Funktionssystem angesehen, daß aus verschiedenen «Materialien» realisiert werden kann, wobei das Material für die Implementierung von untergeordneter Bedeutung erscheint. Der Verwendung von Kohlenstoff oder Silizium wird keine grundsätzliche Unterscheidungskraft zugeordnet. Das Gehirn kann neue Schnittstellen mit der Umwelt eingehen, andere, als sie von den angeborenen Sinnesorganen vorgesehen sind. So ist es möglich, über eine Videokamera, die am Brillenbügel befestigt ist, Elektroden an die Sehzentren des Hinterhauptes zu führen und auf diese Weise visuelle Stimuli zu unterscheiden. Derartige Entwicklungen der Neurotechnologie werden z. Zt. vom National Institute of Health in Washington mit noch kritischen Diskussionen begleitet. Es ergibt sich auch die ethische Frage, ob man bei einem Blinden, der in seiner taktil adaptierten Situation mit seinem Leben zurechtkommt, die Hoffnung erzeugen darf, wieder sehen zu können, wenn es sich dabei nur um wenige Licht- und Schattenwandlungen handelt. Eine Ethik der Hoffnungsdosierung und Hoffnungskontrolle zu entwickeln scheint hier noch notwendig.

Von großem Interesse wird die Weiterentwicklung der technischen Systeme von Brain-Chips sein, die zur Einpflanzung kommen werden. Ethische Bedenken richten sich zur Zeit im wesentlichen auf die Frage, ob die Autonomie des Menschen durch solch ein System beeinflußt werden kann. Dabei ist es nicht entscheidend, ob das System in den Kopf direkt eingepflanzt wird oder sich außerhalb desselben befindet. Die Innen- und Außengrenze der menschlichen Freiheit ist eben nun einmal nicht die Grenze, die mit der Anatomie des Kopfes und Körpers zusammenfallen muß.

Es ist durchaus möglich, die Freiheit des Menschen auch bei Implantationen am Rückenmark, z. B. dann, wenn seine Sexualsysteme bei der Therapie einer Blasenfunktionsstörung ungewollt mitstimuliert werden, zu beeinträchtigen. Schwierige ethische Fragen ergeben sich auch im Hinblick darauf, inwieweit es sich überhaupt um die Funktionsersetzung oder um die Unterstützung von Funktionen handelt. Wenn einmal Chips für die Ersetzung von kognitiven Funktionen eingesetzt werden, stellt sich die Frage, ob dies nur eine bloße Verfügbarkeit bedeutet, wie der Computer im Schreibbüro sie schon darstellt, oder ob das System nicht auch eine Eigendynamik entwickelt, die der Autonomie des Organismus zuwiderläuft. Sicherlich werden die Befürworter der Implantation von Brain-Chips darauf hinweisen, daß auch die externe Benutzung von Rechnern und Kodierungssystemen bereits unsere interne Kognition grundlegend verändert.

Zur Zeit wird das Haftungsrecht für Handlungsfolgen für technische, an das menschliche Nervensystem angekoppelte Steuerchips noch als Hemmnis für die Weiterentwicklung und Anwendung dieser neuen Technologien angesehen. Wer haftet, wenn die Sehprothese an der Ampelanlage im Gegenlicht plötzlich überblendet ist und abschaltet? Wer haftet, wenn die automatisierte Krankenprothese für Querschnittsgelähmte, die telemetrisch die Oberschenkelmuskulatur über Muskelbefehle steuert, am Zebrastreifen und der Bordsteinkante im Wanken nicht die Sicherheitshocke, sondern ein Weiterschreiten programmiert?

Der Umgang mit diesen neuen technischen Systemen wird eine Menge einführender und begleitender psychologischer Betreuung bedürfen, und es ist die Frage, ob an dieser Stelle die Kritik an Vermischung technischer und biopsychologischer Systeme überhaupt angemessen ist, wenn die Menschen seit Jahrzehnten umgangssprachlich mit dem Ausdruck «Ich stehe auf dem Parkplatz!» unmißverständlich ihr Auto meinen. Ist es die anatomisch-gerätehafte Integration, die uns so irritiert, der wir aber aufgrund der ungewohnten Ästhetik nicht die Erotik eines Sportwagens abgewinnen können?

Setzen sich die Haftungsrechtvorstellungen der Hersteller durch, so werden die neuen Chips verantwortungslos sein. Aber ist unsere Rede von Verantwortung nicht ohnehin schon zu einem bloßen akustischen Geschehen geworden, wenn diejenigen, die bei Fragen des technologischen Fortschrittes von Verantwortung reden, in allen ihren Handlungen durch Versicherungen abgedeckt sind? Die neuen kognitiven Systeme, die aus dem Joint-venture von Neurotechnologie, Software-Engineering und Gentechnologie konzipiert werden, dürften nach allen Erfahrungen am Meinungsbildungs-, ethischen Orientierungs- und Rechtsbildungsprozeß beteiligt werden. Sie werden so klug sein und nicht die Terminologie vom Übermenschen benutzen; die anstehenden Veränderungen werden in einer Sprache formuliert sein, die auf Taubenfüßen daherzukommen scheint, auch wenn intern am Silizium gehämmert wurde.

Es ist ja auch nicht schwer, die passende Terminologie und Kulturtradition für die neuen technischen Systeme zu aktivieren. «Ich denke mit dem Knie», sagte Joseph Beuys, und die Hirnforschung muß dies zunächst als Herausforderung empfinden. Sie müht sich, die Sonderstellung des Gehirns als Organ der kognitiven und emotionalen Funktionen herauszustellen. Gleichzeitig arbeitet diese Wissenschaft jedoch daran, Dünndarmgewebe dahingehend ändern zu können, daß es Neurotransmitter herstellt, wie sie sonst nur in Gehirnzellen zu finden sind. Im Prinzip könnte man dann auch Bindegewebszellen, letzten Endes auch aus dem Knie, benutzen, um kognitive Prozesse zu realisieren. Hat Beuys also recht?

Die ethischen Bedenken bei der Verpflanzung von menschlichem fetalem Hirngewebe (in einigen Fällen sogar bei Feten aus dem fünftem Monat) haben die Neurowissenschaften angespornt, nach Ersatzgewebe für die Feten zu suchen, die bei erwachsenen Hirnkranken, Patienten mit Parkinson, Alzheimer, Epilepsie, Schizophrenie usw. zur Behandlung herangezogen wurden. Die Implantation von Gewebe aus einem fremden Embryo stellt neue Fragen an die Charakteristika menschlicher Individualität. Die eigentlichen Probleme sind damit aber noch nicht aufgehoben, daß man anstelle von fetalen Hirnzellen nun gentechnisch veränderte Adenoviren oder Bindegewebszellen in das Erwachsenenhirn implantiert. Die Bindung des kognitiv-emotionalen Systems Mensch an ein spezifisches biologisches Substrat wird gelöst. Es ist nicht einfach eine erneute Kopernikanische Wende, nein, der Mensch verliert schlechthin einen Zuordnungspunkt im Kosmos; wenn man denn einen Punkt findet, ist nicht mehr auszumachen, welcher Mensch es denn sei, auch wenn die Rechtsprechung – die ja auch bei Körperschaften von eindeutig identifizierbaren Personen zu sprechen pflegt – weiterhin von im Hinblick auf Erbschaft identischen Individuen sprechen wollen mag. Im Hinblick auf die Zurechnungsfähigkeit wird sie ihre Schwierigkeiten haben, denn im Falle einer Straftat eines Hirngewebstransplantierten wird sie die Auslassung des Angeklagten, sein Embryo sei an allem schuld gewesen, kaum ohne ihren Satz «Im Zweifel für den Angeklagten» abhandeln können. Systemtheoretische Untersuchungen zur Hirngewebstransplantation zeigen, daß in solch ein System unvorhersehbare Handlungsdimensionen hineingeraten können. Im Tierexperiment konnten sogar Krampfanfälle transplantiert werden.

Doch unsere Begriffe haben sich längst so transformiert, daß die Formulierung einer Kritik an diesen Ereignissen teilweise des entsprechenden Rüstzeuges entbehrt. Wenn man bedenkt, daß bei bloßen Softwaresystemen bereits von «artificial life» gesprochen wird, dann fällt der Gedanke schwer, daß die kognitiv-emotionalen Prozesse des Menschen auf unabänderliche Weise mit seiner gehirnspezifischen «Hardware» zu tun haben könnten.

Der sich hinsichtlich des Leib-Seele-Problems immer mehr abzeichnende und in den Vordergrund tretende Monismus läßt die Selbstbezüglichkeit menschlicher Freiheit als etwas erscheinen, das in der Transposition in das Biologisch-Materielle nicht noch einmal geprüft werden müßte. Auf diese Weise treten Selbstbezüglichkeiten auf, in denen Freiheit sich weniger als Selbstbegrenzung und Selbstfesselung des Freiheitsdranges des Menschen entwirft, sondern vielmehr als etwas, das den biologischen Organismus als Träger der Freiheit selbst als etwas dem freien Entwurf Zugängliches konzipiert. Konstruktivismus also als durchgängige und nicht nur als wahrnehmungskritische Position.

Der Freiheitsbegriff erscheint angesichts des Organismus noch etwas verloren und nicht sonderlich geprüft. Zuvor galt er der Emanzipation aus dem manicipium («In-der-Hand-Haben»: Eigentumsrecht) von Sklavenhaltern und Fürsten. Daß wir uns aus dem Griff des Körpers befreien können, hat bisher noch nicht viel mehr freiheitliche Gestaltungsmöglichkeiten als die des Suizids an den Tag gebracht. Variiert wird mit dem Körper aber dennoch tüchtig. Das genetische Cellular Engineering, die Neukombination der DNS-Sequenzen, wird neue biologische Systeme auf unsere Erdkruste bringen, vielleicht sogar eine größere Anpassung an die ökologischen Krisen und an den evolutionär mitgeschleppten «Restmüll» des Aggressionspotentials der Menschen, oder es kann diesen sogar beseitigen. Der Freiheitsbegriff wird bei der Neukombination der Biochemie der Chromosomen allerdings noch auf eine besondere Probe gestellt werden. Die Psychiater ziehen z. Zt. die Untersuchung des endlichen genetischen Materials des Menschen gegenüber der der unendlichen Faktoren sozialer Geschehnisse und Gegebenheiten vor, da sie darin eine größere Übersichtlichkeit und Sortierbarkeit erwarten. Die Klassifikation psychologischer Besonderheiten des Menschen und das genetische Screening für die Optimierung der Zuordnung von Organismus und Arbeitsplatz werden zunächst auch ein Prüfstein sein für den von der Europäischen Kommission geforderten Schutz der genetischen Dateninformationen. Aber dann wird, um es zurückhaltend zu formulieren, ein gewisser Datensatz an gesellschaftlichen Schaltstellen wie Versicherungen sicher nicht ungenutzt vorbeigehen können. Dann wird sich eine praktische Bewährung des Freiheitsbegriffes als Zuschreibungsbegriff für die Anerkennung des anderen in seiner Würde ergeben. Dann kommt der Freiheitsbegriff in jene Vollendung, die Kant ihn schon von der Biologie abtrennen ließ, nämlich jene, daß wir unabhängig davon, welcher Art die biologischen Eigenschaften des Menschen sind, aus gesellschaftlichen Gründen gezwungen sind, ihm Freiheit und Würde zuzuschreiben, wenn wir denn eine funktionierende Gesellschaft haben wollen. Werden wir in der Lage sein, parallel Informationen über Charakteristika eines Individuums und über seine ihm zuzuschreibende Würde zu verarbeiten? Können wir auch in Kenntnis der Informationen über die Detailkonstitutionen eines Menschen mit ihm umgehen, z. B. auch in der privaten Interaktion, als ob wir nur das aus der Interaktion Gewonnene über ihn wüßten? Hier steht nicht nur eine komplexe Informations- und Informationsschutzpolitik an, sondern auch das Trainieren einer Fähigkeit – trotz der Kenntnisse über menschliche Determiniertheit, die ohne Zweifel trotz einer genetischen Datenschutzpolitik wachsen werden –, mit dem Menschen würdevoll umzugehen. Ethische Handlungsregeln sind hier noch zu entwickeln und werden sicherlich Streitgegenstand sein, beispielsweise, ob Informationen über genetische Entfaltungseinschränkungen des Menschen zu dessen Positivum gewendet werden müssen oder ob in der Positionierung auf der Gaußschen Verteilungskurve nicht auch schon ein Diskriminierungspotential stecken könnte.

Es liegen zahlreiche neurogenetische Analysen für Krankheiten des Nervensystems vor, über deren genetische Determiniertheit man bisher nur spekuliert hat. Die Eliminierung derartiger Krankheiten durch gentherapeutische Intervention dürfte auf höhere Akzeptanz stoßen, auch wenn die Rede vom Menschen als Schöpfer des Menschen durch Genlabortätigkeit eher auf Abneigung stößt. Das Charakteristische ist aber nun einmal, daß das Nichtgewollte im therapeutisch Gewollten mit versteckt einherkommt. Die psychischen Eigenschaften des Menschen sind in ihrer Komplexität von vielen Chromosomenabschnitten abhängig. Die therapeutischen Interventionen dürften neue Chromosomenkonstellationen auf die Erdoberfläche bringen, wie sie das normale mating behaviour nicht zustande bringen konnte. Darf der Mensch über die bisher geübte Zeugung des Menschen hinaus auch zu einer neukombinierten Schöpfung greifen? Nicht einmal die Theologen sind strikt dagegen. Für die säkularisierte Konzeption der Menschenrechte nun aber stellt, wie wir mehrfach gesehen haben, der ganze Bereich der rückbezüglichen, auf den Menschen wirkenden Tätigkeiten des Menschen einen formal ungeklärten Bereich dar. Droht einerseits die Abkopplung des Rechts- und Freiheitsdiskurses von der biologischen Wirklichkeit und die Konstituierung der Doppelmoral zweier Sprachen oder von Sprache und Wirklichkeit, so besteht andererseits die Gefahr, daß der in der bisherigen Metaphysik nur wenig explizierte Begriff der Erzeugung des Neuen in einer Art neuer Anthropologie den Menschen zu einer Bestärkung dessen verleitet, was er schon immer tut: das Neue erzeugen.

Es liegt die Vermutung nahe, daß der Tod für den Menschen nichts Neues mehr darstellt und er am Neuen mehr interessiert ist als an dem alten Spiel vom Tod und dessen Überwindung.

Ableger-Ethik, Doppelgänger und wie es weitergeht

Ich halte das Klonen für problematisch, aber ich bin der Ansicht, daß die Gesellschaft ihr Interesse besonders am Klonoiden, dem genentisch verbesserten Klon, entdecken wird. Ich bin außerdem der Ansicht, daß sie alle dagegen verwendbaren Argumente bereits bei anderer Gelegenheit verlassen hat.

1. Freiheit wird dem Klon durch Klonierung und genetische Optimierung nicht vorenthalten. Freiheit als gesellschaftlicher Begriff muß unabhängig von biologischen Eigenschaften zuerkannt werden.

2. Die bisherige technische Fortpflanzungsmedizin ist auch nicht mit dem Argument abgelehnt worden, das Neugeborene würde nicht als Selbstzweck gesehen werden.

3. Mit der Billigung der In-Vitro-Fertilisation trotz anschließend eventuell erforderlicher Tötung von «überzähligen» Mehrlingen wurde das Tor für die Tötung «unpassender» Klone geöffnet.

4. Die künstliche Befruchtung mit anonymen Samenspendern zeigt, daß die außergeschlechtliche Fortpflanzung auf psychologischer Ebene nicht auf Unverständnis trifft.

Wir werden die Vorteile des Klonens als eine Fortsetzung der Single-Kultur mit biologischen Mitteln verstehen lernen. Als Argumente werden ein weiterer Beitrag zur Freiheit im Fortpflanzungsbereich sowie der Beitrag der Klonoiden zur Pluralität angeführt werden. Wir haben zunächst Angst vor dem Klon, weil wir uns in ihm als «Alien» und als «egoistischen Narziß» zugleich erkennen würden, als zuviel geküßten Prinzen, der sich wieder in

145

einen Frosch verwandelt. Im kopflosen Klon (besser: Klonoid), der als hirntoter Organspender fungieren könnte, käme der Schrecken der längst vollzogenen Grenzüberschreitung zur Anschaulichkeit. Die Angst vor dem Klonen mag verbietende Gesetze hervorrufen. Auf längere Sicht werden Faszination und Eigeninteressen sowie ethische Argumente (kinderlose Ehepaare usw.) zur Erlaubnis führen. Der einzelne wird auch hier vor größerer Verantwortung stehen.

Es gibt kein Recht auf genetische Einmaligkeit. Der menschliche Klon genießt alle Würde und Menschenrechte.

Am Anfang der Zeitenwende stand die «samenlose» Empfängnis. 2000 Jahre später steht sie wieder im Mittelpunkt. Ist die Seinsgeschichte des Abendlandes als Klongeschichte mißverstanden worden? Dazu würde passen, daß einige das Sosein (u. a. das genetische Programm) einer Person höher einstufen als ihr Sein und den Klongeber aus der Sicht des Klons für haftbar halten wollen. Gerade diese Haltung ist es, welche stets Technik und am Ende den Klon gebärt. Diese Haltung wird nicht den Klon verhindern, sondern die Risikoversicherung für Klongeber entwickeln lassen. Bei der Weitergabe von Erbkrankheiten nimmt die Gesellschaft zum Glück nicht die Position der Haftbarmachung ein, die manche als Argument gegen den Klon benutzen.

Was ist nun von der Überlegung zu halten, daß im vom Menschen hergestellten Klon eine Geschichte von zweitausend Jahren zur genetischen Entfaltung gelangt, bei der am Anfang eine Geburt stand, deren Erbgut aus wissenschaftlicher Sicht auch nur von einem Elternteil kam (?) und über das Turiner Grabtuch wohl kaum rekonstruiert werden kann?

Stand am Anfang der christlichen Tradition ein Klon, der aufgrund dieses Sachverhaltes den Weg zu einem gerechten Leben über Doppelgängerprojektionen und Identifikationen mit ihm erleichtern konnte? Der Klon wird kaum aufzuhalten sein. Dazu wird die Ansiedlung der entsprechenden Gremien bei der UNESCO statt bei UNO oder WHO ihren Beitrag leisten. Die UNESCO war bisher eher für das gemeinsame Kulturerbe und die gemeinschaftliche Nutzung von Manganknollen auf dem Meeresboden zuständig (soll also das Erbgut einer gemeinschaftlichen Nutzung zugeführt werden?). Gerade dann aber, wenn die neuen Androiden und Klone die Erde mit uns bevölkern, bedürfen wir der mit ihnen gemeinsamen Rechte.

ANHANG

DANKSAGUNG

Für wichtige Gespräche danke ich den Freunden Prof. Dr. Jason W. Brown, New York, Prof. Dr. Martin Kurthen, Bonn, und Prof. Dr. James R. Watson, New Orleans.

Meiner Tochter Maja danke ich für die Erstellung der Abbildungen 2 und 3.

Frau B. danke ich für die Gespräche und die Zurverfügungstellung der Abbildung 1a/b.

Dem Lektor Herrn Dr. Stephan Meyer danke ich für die gute Zusammenarbeit.

ABBILDUNGS- UND QUELLENNACHWEIS

Abb. 1 a/b: Frau B. hatte Interesse an der Veröffentlichung ihres «Falles» und ihrer Zeichnungen.

Abb. 2 u. 3: Zeichnungen der Künstlerin und Buchillustratorin Maja Linke.

1. «Die Überraschungen des Körpers»: stark überarbeitete Fassung des zuerst in «Die Woche», Der Sprung ins 21. Jhd., Nr. 52–1/2000, S. 32–33 (Die Befreiung aus dem Käfig des Körpers) veröffentlichten Textes.

2. «Die Körpergrenzen und der Ursprung von Innen und Außen»: stark überarbeitete Fassung des zuerst in «DU», Nr. 4/1998: Hautnah. Bilder und Geschichten vom Körper, veröffentlichten Textes.

3. «Das Unsterblichkeitsprogramm»: stark überarbeitete Fassung der Texte, die in «Die Macht des Alters», Dumont Verlag 1998 (Der Pfeil in parallele Welten) und in «Die Macht des Alters – Ein Sturm aus der Zukunft», Dokumentation 1999 (Was denkt ein Mensch von 800 Jahren?) veröffentlicht wurden.

4. «Wer ist glücklich?»: stark überarbeitete Fassung des Textes, der zuerst in «Das Glück», Cantz Verlag 1996 (Glück und Gödel) veröffentlicht wurde.

AUSGEWÄHLTE LITERATUR

Aiken, W. und LaFollette, H.: World Hunger and Morality. Prentice-Hall, New Jersey 1996

Alexander, R. G.: The Self, Supervenience and Personal Identity. Ashgate Publishing Company, Aldershot–Vermont 1997

Anzieu, D.: Das Haut-Ich, Suhrkamp Verlag, Frankfurt a. M., 2. Auflage 1998

Arbib, M. A. (Hrsg.): The Handbook of Brain Theory and Neural Networks. The MIT Press, Cambridge–London 1995

Arendt, H.: Eichmann in Jerusalem, Piper Verlag, München–Zürich, 9. Auflage 1995

Bach, E.: Energy arguments in the theory of algorithms. The American Mathematical Monthly 104 (1997), S. 831–837

Baudrillard, J.: Der symbolische Tausch und der Tod. Matthes & Seitz Verlag, München 1982

Bennett, Ch. H. und D. P. DiVincenzo: Quantum information and computation. Nature 404 (2000) S. 247–255

Bhatia, P. K.: On measures of information energy. Information-Sciences 97 (1997), S. 233–240

Borst, A. und F. E. Theunissen: Information theory and neural coding. Nature Neuroscience Vol 2 No 11 (1999), S. 947–957

Brown, G.: The Energy of Life. Harper Collins Publishers, London 1999

Brown, J. W.: Mind and Nature. Whurr Publishers, Levittown/USA 1999

Brüstle, O., Kh. Choudhary, Kh. Karram et al.: Chimeric brains generated by intraventricular transplantation of fetal human brain cells into embryonic rats. Nature Biotechnology 16 (1998) S. 1040–1044

Brüstle, O.: Building Brains: Neural Chimeras in the Study of Nervous System Development and Repair. Brain Pathology 9 (1999), S. 527–545

Brunkhorst, H.: Demokratie und Differenz. Fischer Verlag, Frankfurt a.M. 1994

Burey, J. (Editor): The genetic revolution and human rights. Oxford University Press, Oxford–New York 1999

Carnegie, D.: Sorge dich nicht – lebe! Scherz Verlag, Bern – München–Wien, 85. Auflage 1999

DeLancey, C.: Emotion and the function of consciousness. Journal of Consciousness Studies Vol 3 No 5–6 (1996), S. 492–499

Dennett, D. C.: Precis of the intentional stance. Behavioral and Brain Sciences 11 (1988), S. 495–505

Dennett, D. C.: Darwin's Dangerous Idea. Penguin Books, London–New York 1995

Dennett, D. C.: Brainchildren. Penguin Books, London–New York 1998

Derrida, J.: Freud und der Schauplatz der Schrift. In: Derrida, J.: Die Schrift und die Differenz. Suhrkamp Verlag, Frankfurt a. M. 1976

Descartes, R.: Die Leidenschaften der Seele. Felix Meiner Verlag, Hamburg 1984

Deutsch, D.: The Fabric of Reality. Penguin Books, London–New York 1997

Eccles, J. C.: Wie das Selbst sein Gehirn steuert. Springer Verlag, Berlin–Heidelberg 1994, Piper Verlag, München 1994

Einstein, A.: Mein Weltbild. Ullstein Verlag, Berlin, 26. Auflage 1998

Feynman, R. P.: Six Easy Pieces. Penguin Books, London – New York 1995

Feynman, R. P.: The Character of Physical Law. Penguin Books, London – New York 1965

Fukuyama, Fr.: The Great Disruption. The Free Press, New York 1999

Gauthier, I., P. Skudlarski, J. C. Gore and A. W. Anderson: Expertise for cars and birds recruits brain areas involved in face recognition. Nature Neuroscience Vol 3 No 2 (2000) S. 191–197

Giedd, J. N., J. Blumenthal, N. O. Jeffries et al.: Brain development during childhood and adolescence: a longitudinal MRI study. Nature Neuroscience Vol 2 No 10 (1999), S. 861–863

Grealy, M. A., D. A. Johnson and S. K. Rushton: Improving cognitive function after brain injury: the use of exercise and virtual reality. Arch-Phys-Med-Rehabil. 80 (1999) S. 661–667

Gribbin, J.: In Search of Susy. Penguin Books, London – New York 1998

Gribbin, J.: In Search of the Big Bang. Penguin Books, London – New York 1998

Heidegger, M.: Holzwege. Vittorio Klostermann, Frankfurt a. M., 4. Auflage 1963

Heidegger, M.: Schellings Abhandlung über das Wesen der menschlichen Freiheit (1809). Niemeyer Verlag, Tübingen 1971

Helmstaedter, C., M. Kurthen, D. B. Linke and C. E. Elger: Patterns of Language Dominance in Focal Left and Right Hemispere Epilepsies: Relation to MRI Findings, EEG, Sex and Age at Onset of Epilepsy. Brain and Cognition 33 (1997), S. 135–150

Henrich, D.: Ethik zum Nuklearen Frieden. Suhrkamp Verlag, Frankfurt a. M. 1990

Herken, R. (Editor): The Universal Turing Machine. Springer Verlag, Wien – New York, 2. Auflage 1995

Hobson, A. J.: The Neuropsychology of Sleep: Implications for Psychoanalysis. Neuro-Psychoanalysis Vol 1 No 2 (1999), S. 157–183

Höhler, G.: Das Glück. Econ Verlag, Düsseldorf 1996

Hölscher, Ch.: Nitric oxide, the enigmatic neuronal messenger: its role in synaptic plasticity. Neurosciences Vol 20 No 7 (1997), S. 298–303

Hoffmann, B.: Einsteins Ideen. Spektrum Akademischer Verlag, Heidelberg–Berlin–New York 1997

Koch, Ch.: Biophysics of Computation. Oxford University Press, New York–Oxford 1999

Kohlberg L.: Die Psychologie der Moralentwicklung. Suhrkamp Verlag, Frankfurt a. M., 2. Auflage 1997

Kubler, A., B. Kotchoubey, T. Hinterberger et al.: The thought translation device: a neurophysiological approach to communication in total motor paralysis. Exp-Brain-Res. 124 (1999) S. 223–232

Kurthen, M. und D. B. Linke: Kriterien der Bewußtseinszuschreibung bei natürlichen und künstlichen kognitiven Systemen. Kognitionswissenschaft 3 (1993), S. 161–170

Kurthen, M. und D. B. Linke: The ontology of aspectual shape. Behavioral and Brain Sciences, 1995, S. 612–614

Kurthen, M.: Intentionalität und Sprachlichkeit in Psychoanalyse und Kognitionswissenschaft. Psyche 9/10 (1998), S. 850–883

Lee, St. P.: Morality, Prudence, and Nuclear Weapons. Cambridge University Press, Cambridge–NewYork–Melbourne 1996

Lehnertz, K., J. Arnhold, P. Grassberger and C. E. Elger: Workshop on: Chaos in Brain? World Scientific, Singapore–New Jersey–London–Hongkong 2000

Linke, D. B.: Hirnverpflanzung. Die erste Unsterblichkeit auf Erden. Rowohlt Verlag, Reinbek, 2. Auflage 1996

Linke, D. B.: Theoids, Androids and Clonoids. In: J. Brouwer and C. Hoekendijk (Eds.): Technomorphica, Uitgeverij De Balie and Idea Books, Rotterdam 1997, S. 227–255

Linke, D. B.: Discharge, Reflex, Free Energy and Encoding. In: G. Guttmann and I. Scholz-Strasser (Eds.): From Brain Research to the Unconscious. Verlag der Österr. Akademie der Wissenschaften, Vienna 1998

Linke, D. B.: Auf dem Sprung. Zeit, Verletzbarkeit, Gehirn. In: Ursula Keller (Hrsg.): Zeitsprünge. Verlag Vorwerk, Berlin 1999

Linke, D. B.: Identität, Kultur und Neurowissenschaften. In: W. Gephart und H. Waldenfels (Hrsg.): Religion und Identität. Suhrkamp Verlag, Frankfurt a. M. 1999

Linke, D. B.: Das Gehirn. C. H. Beck Verlag, München, 2. Auflage 2000

Linke, D. B.: The Lord of Time, Brain Theory and Eschatology. In: Polkinghorne, J. and M. Welker (Eds.): The End of the World and the Ends of God. Trinity Press International, Harrisburg 2000

Maguire, G. Q. and E. M. McGee: Implantable brain chips? Time for debate. Hastings-Center-Rep. 29 (1999), S. 7–13

McLuhan, M.: Die magischen Kanäle, Understanding Media. Verlag der Kunst, Dresden – Basel, 2. Auflage 1995

Metzinger Th.: Subjekt und Selbstmodell. Mentis Verlag, Paderborn, 2. Auflage 1999

Miner, L. A., D. J. McFarland and J. R. Wolpaw: Answering questions with an electroencephalogram-based brain-computer interface. Arch-Phys-Med-Rehabil. 79 (9) (1998), S. 1029 – 33

Moody, T. C.: Conversations with zombies. Journal of Conscious Studies Vol 1 No 2 (1994), S. 196 – 200

Nancy, J.-L.: Der Eindringling. Merve Verlag, Berlin 2000

Nozick, R.: Vom Richtigen, Guten und Glücklichen Leben, Carl Hanser Verlag, München – Wien 1991

Palm, G.: Information and Surprise in Brain Theory. In: Rusch, G., S. J. Schmidt und O. Breidbach (Hrsg.): Interne Repräsentationen. Suhrkamp Verlag, Frankfurt a. M. 1996

Penrose, R.: Schatten des Geistes. Spektrum Akademischer Verlag, Heidelberg – Berlin – Oxford 1995

Rank, O.: Der Doppelgänger. Turia & Kant Verlag, Wien 1993

Reif, A. und D. B. Linke: Das Ich und sein Gehirn. Lettre International 32 I. Vj. (1996), S. 26 – 33

Rosenberg, A., J. R. Watson and D. B. Linke (Eds.): Contemporary Portrayals of Auschwitz. Humanity Books, New York 2000

Scholem, G.: Zur Kabbala und ihrer Symbolik. Suhrkamp Verlag, Frankfurt a. M. 1973

Scholem, G.: Die jüdische Mystik. Suhrkamp Verlag, Frankfurt a. M. 1980

Searle, J. R.: The Mystery of Consciousness. Granta Books, London 1997

Sen, A.: Der Lebensstandard. Rotbuch Verlag, Hamburg 2000

Sloterdijk, P.: Sphären I und II. Suhrkamp Verlag, Frankfurt a. M. 1998/99

Solms, M.: The Neuropsychology of Dreams. Lawrence Erlbaum Associates, Inc., Mahwah 1997

Sowell, E. R., P. M. Thompson, C. J. Holmes et al.: In vivo evidence for post-adolescent brain maturation in frontal and striatal regions. Nature Neuroscience Vol 2 No 10 (1999), S. 859–860

Spaemann, R.: Personen. Klett-Cotta Verlag, Stuttgart 1996

Spitzer, M.: Geist im Netz. Spektrum Akademischer Verlag, Heidelberg–Berlin 1996

Veenhoven, R.: Quality-of-Life in Individualistic Society, A comparison of 43 nations in the early 1990's. Social Indicators Research 48 (1999), S. 157–186

Zizek, Sl.: Liebe Deinen Nächsten? Nein danke! Verlag Volk & Welt, Berlin, 2. Auflage 1999

NATURWISSENSCHAFTEN BEI C.H.BECK

Holk Cruse/Jeffrey Dean/Helge Ritter
Die Entdeckung der Intelligenz oder Können Ameisen denken?
Intelligenz bei Tieren und Maschinen
1998. 278 Seiten mit 71 Abbildungen. Gebunden

Robert Jütte
Geschichte der Sinne
2000. 416 Seiten mit 17 Abbildungen. Gebunden

Randolph M. Nesse/Georg C. Williams
Warum wir krank werden
Die Antworten der Evolutionsmedizin
Aus dem Amerikanischen von Susanne Kuhlmann-Krieg
2. Auflage. 1998. 320 Seiten mit 11 Abbildungen und 2 Tabellen.
Gebunden

Tijs Goldschmidt
Darwins Traumsee
Nachrichten von meiner Forschungsreise nach Afrika
Aus dem Niederländischen von Janneke Panders
Nachdruck der 1. Auflage 1997/1998.
349 Seiten mit 27 Abbildungen. Gebunden

Reimara Rössler/Peter E. Kloeden
Das Thanatosprinzip
Biologische Grundlagen des Alterns
Unter Mitwirkung von Otto E. Rössler
und einem Vorwort von Peter Weibel
1997. 215 Seiten mit 13 Abbildungen. Gebunden

Dezsö Varju
Mit den Ohren sehen und den Beinen hören
Die spektakulären Sinne der Tiere
1998. 285 Seiten mit 34 Abbildungen, davon 9 in Farbe.
Gebunden

NATURWISSENSCHAFTEN BEI C.H.BECK

Dieter B. Herrmann
Antimaterie
Auf der Suche nach der Gegenwelt
1999. 112 Seiten mit 20 Abbildungen. Paperback
Beck'sche Reihe Band 2104

Annette Broschinski
Dinosaurier
Riesenreptilien der Urzeit
1997. 128 Seiten mit 17 Abbildungen. Paperback
Beck'sche Reihe Band 2080

Detlef Linke
Das Gehirn
2. Auflage. 2000. 101 Seiten mit 12 Abbildungen. Paperback
Beck'sche Reihe Band 2121

Joachim Funke/Bianca Vaterrodt-Plünneche
Was ist Intelligenz?
1998. 127 Seiten mit 11 Abbildungen und 4 Tabellen. Paperback
Beck'sche Reihe Band 2088

Thomas Walther/Herbert Walther
Was ist Licht?
Von der klassischen Optik zur Quantenoptik
1999. 136 Seiten mit 40 Abbildungen, davon 10 in Farbe.
Paperback
Beck'sche Reihe Band 2122

Reinhard Wilhelm
Informatik
Grundlagen – Anwendungen – Perspektiven
1996. 144 Seiten mit 19 Abbildungen, davon 7 in Farbe.
Paperback
Beck'sche Reihe Band 2038